跨平台机器学习
ML.NET架构及应用编程

[意] **迪诺·埃斯波西托** (Dino Esposito)　　著
弗朗西斯科·埃斯波西托 (Francesco Esposito)

周靖　译

清华大学出版社

北京

内 容 简 介

ML.NET 是面向 .NET 开发人员的开源机器学习框架，可以帮助开发人员使用 C# 或 F# 创建自定义机器学习模型，从而将机器学习集成到 Web、移动、桌面、游戏和物联网应用中。本书以 ML.NET 为核心，介绍了架构及其基本知识，介绍了 ML.NET 的八大机器学习应用场景：预测、分类、聚类、异常检查、预测、推荐、图像分类以及神经网络。

本书适合数据工程师使用和参考。

北京市版权局著作权版权合同登记号　图字：01-2022-4299

图书在版编目（CIP）数据

跨平台机器学习：ML.NET架构及应用编程 / （意）迪诺·埃斯波西托，（意）弗朗西斯科·埃斯波西托著，周靖译. —北京：清华大学出版社，2022.10
书名原文：Programming ML.NET
ISBN 978-7-302-61923-9

Ⅰ. ①跨…　Ⅱ. ①迪…②弗…③周…　Ⅲ. ①机器学习　Ⅳ. ①TP181

中国版本图书馆CIP数据核字（2022）第178350号

责任编辑：文开琪
封面设计：李　坤
责任校对：周剑云
责任印制：朱雨萌
出版发行：清华大学出版社
　　　　　网　　　址：http://www.tup.com.cn, http://www.wqbook.com
　　　　　地　　　址：北京清华大学学研大厦A座　　　邮　　编：100084
　　　　　社 总 机：010-83470000　　　　　　　　邮　　购：010-62786544
　　　　　投稿与读者服务：010-62776969, c-service@tup.tsinghua.edu.cn
　　　　　质量反馈：010-62772015, zhiliang@tup.tsinghua.edu.cn
印 装 者：三河市科茂嘉荣印务有限公司
经　　销：全国新华书店
开　　本：178mm×230mm　　　印　　张：18.5　　　字　　数：405千字
版　　次：2022年12月第1版　　　　　　　　　　　印　　次：2022年12月第1次印刷
定　　价：99.00元

产品编号：098469-01

献给西尔维亚、米凯拉和新的梦想。

——迪诺·埃斯波西托（Dino Esposito）

献给我所爱的人，每一本书的出版，都要归功于他们。

——弗朗西斯科·埃斯波西托（Francesco Esposito）

前　言

我们需要有人能够对未来可能的新事物抱有梦想，想想为什么以前没有。

——约翰·肯尼迪，1963

今天，数据科学家持续受到热捧。丰富的数据，触手可及的云计算能力，这是机器学习最终的完美世界吗？从表面看，似乎已经有了所有必要的食材来烹制"应用人工智能"（applied AI）。但是，我们实际上仍然缺乏一个明确有效的组合方法。

如同其他学科具有其目的一样，数据科学的目的是证明某些事情是可能的。然而，数据科学本身并不生产解决方案，那是机器学习领域的另一个分支——数据工程——的目的。

各大企业正在热招数据科学家，但好的数据科学团队，其成果通常是可运行的模型，该模型的软件质量往往只是一个原型，而非可投入生产的工件。算法与数据紧密结合，且数据必须是完整、干净和平衡的。这部分工作谁来负责却往往并不明确。如此说来，这样的工作最多也只能算是半成品。然而，对于其业务会产生大量数据的大型组织（如能源公共事业、金融机构和制造业），组建一个与应用 AI 流水线。"生产"部分脱钩的数据科学团队。预算明显有限的小公司，则以服务方式采购一些应用数据科学的工作成果，这样可能更经济实惠。

从数据科学到生产，通常有一段很长的路要走，也有很多数据方面的工作要做，需要考虑下面几点：

- 数据如何存储？每天还是每小时？
- 数据是否要以某种中间格式的方式临时复制？
- 要想让模型工作的话，需要进行哪些转换？如何实现自动化？

- 一旦部署到生产环境，该模型的性能如何？
- 预计要以什么频率重新训练模型以适应实时数据（live data）的需求？
- 如果重新训练很频繁，又应该如何自动化任何相关任务？
- 收集最新数据集、运行训练并部署最新模型又该如何进行？

在机器学习模型方面，最大的问题可以追溯到所采用的数据。2021 年 7 月，《麻省理工技术评论》发表了一篇文章，论述了人工智能在新冠疫情下所产生的影响。这篇文章的要点在于，在对适度开发的模型进行大规模审查时，从中发现的许多问题都与研究人员用来开发其工具的数据质量差有关。这样，几乎所有工具几乎都失去了其有效的用途。于是人们开始更好地理解数据工程和数据质量的作用。通过 CSV 稀疏文件来处理数据对探查某个想法来说是足够的，但要想建立一个健壮的基础结构，还是需要换用别的数据库（关系型、NoSQL 或图）和某些严肃的查询语言。而如果需要这样做，就很有可能需要超越 Python，进入经典编程语言的领域。也就是说，仅仅掌握数据科学还不够，还必须掌握严肃的编程和数据库技术。另一方面，从数据中寻找和特定业务相关的见解，正是我们最终的目的。

目前，常规意义上的 AI（更具体地说就是机器学习）只是垂直问题的商品和直接解决方案之间的一种权衡。商业化的云服务提供安全、稳定和可接受的质量。虽然并不能涵盖所有可能的情况，但它们正在扩展，而且在不久的将来还有更多的扩展。

所有这一切都营造了一个环境，使我们能够构建同样的旧软件，却可以使用更强大的工具。我们不只是在谈论编程语言的基元和由框架提供的一些类。我们还在谈论由机器学习算法和商业化的云服务支持的智能和预测性工具。

在这个背景下，ML.NET 完美充当了数据工程和商业化数据科学之间的桥梁，它和 .NET Framework 完全集成。ML.NET 有用于浅层学习的内置算法、对 Azure 云服务的便利访问以及与预训练模型（如 Keras 或 TensorFlow 网络）的整合。

本书面向的读者

在我们看来，如果您已经在用 .NET，那么 ML.NET 就是做机器学习的完美工具，无论选择的算法和模型的内部机制是什么。

本书针对的是愿意（或需要）进入机器学习世界的 .NET 开发人员。如果是软件开发人员，想把数据科学和机器学习技能添加到自己的技能库中，那么本书就是理想的选择。如果是数据科学家，愿意学习更多 Python 以外的软件知识，那么本书也是一个理想的选择。

本书不面向的读者

本书从 ML.NET 的角度讨论机器学习。ML.NET 是一个特定于平台的库。它主要是为数据工程师和机器学习工程师（而不是普通的数据科学家）量身定制的。这里澄清一下，机器学习工程师的核心职责是将外部训练好的模型实际融入到客户应用程序中执行更精细的任务，并对建立和训练基于数据科学规范的模型的过程进行监督。本书讨论如何选择具体的工具。

如果对机器学习解决方案的实际生产没有多大兴趣，这本书可能不是最理想的参考。它并不会展示前沿的数据科学技术，不过会教你如何开始利用 ML.NET 团队多年来一直在做的事情——在 .NET 中整合简单而有效的机器学习解决方案。

本书的组织方式

本书分为三部分。

- 第 1 章～第 3 章对 ML.NET 库进行基础性的概述。
- 第 4 章～第 10 章概述如何对常见问题进行数据处理、训练和评估等专门任务。这些问题包括回归、分类、排名和异常检测等。

- 第 11 章 ~ 第 13 章专门讨论所有浅层学习任务都不合适的场景下可能
  需要用到的神经网络。此外还要概述神经网络，提供一个同时使用商
  业化 Azure 认知服务和"手工打造"的定制 Keras 网络的护照识别的例子。

最后，附录要讨论模型的可解释性。

系统需求

要想完成本书的练习，需要准备好以下软硬件：

- 一台运行 Windows 10/11，Linux 或 macOS 的计算机
- 任意版本的 Visual Studio 2019/2021 或者 Visual Studio Code
- 接入互联网，以便下载软件和本书示例文件

代码示例

书中所有代码（包括可能的勘误和补充内容）都可以通过以下网址获得：

https://MicrosoftPressStore.com/ProgrammingMLNET/downloads

致　谢

来自迪诺（Dino）

这是我们父子俩第二次写机器学习方面的书，与两年前合作写书相比，情况有了很大的变化。在这本书中，我们真正联合起来，我把我的软件经验摆到台面上，弗朗西斯科则拿出了他的朝气、活力和数学才能。我们体会到，一旦将机器学习解决方案投入生产环境，就会变得非常棘手，而将这些"小宝石"又很容易"隐身于"普通 ASP.NET 应用程序不易察觉的细节中。

过去两年，我们还取得了其他的成果。例如，我们进一步掌握了专业网球软件，并将其扩展到了医疗、农业和客户关怀领域。共同点始终是，智能软件，最终做的是智能的事情。它并不是要取代人类和扼杀工作机会——恰恰相反，它是用自动化程序取代无聊的、可自动化的任务，使人类得以解放，去从事更有趣的活动。

与乔治·加西亚·阿加达和加泰诺·瓜拉尼以及整个 Crionet 团队合作，我们的网球狂热爱好者的梦想一天比一天大。我们正在改变游戏规则。与瓦托·朗乔蒂和 KBMS Data Force 团队合作，我们正在默默地创造历史，将医生的手术梦想转化为具体和适用的工件，使病人接受治疗的过程更顺畅。与 Karma Enterprise 的萨尔沃·意提沙诺和丹尼尔·意提沙诺一起工作，实际是技术上的因果关系（karma 本来就是因果的意思）。相同的心态、相同的愿景以及相同的父子商业模式！项目结束后，农业就变得不一样了，蜜蜂们也会对我们感激不尽！

Youbiquitous 团队正在成长，多名成员挑起了业务的重担，主要是马蒂欧、鲁西阿诺、马提拉、菲力普和加布里尔。感谢大家在我们享受 ML.NET 乐趣的同时，抽出时间来做业务。

最后，任何一本书都是团队合作的成果，我们很高兴能在此列出最终使本书成为可能的人。最后，我们要向组稿编辑洛丽塔·叶茨和夏薇·爱罗拉、排版和文稿编辑瑞克·卡格恩以及技术编辑布里·阿卡曼表示衷心的感谢！

来自弗朗西斯科（Francesco）

　　我 23 岁了，已经长大成人，可以独立了，但还是太年轻。在我众多的爷爷奶奶们面前，我还只是个孩子。我要向塞尔瓦托爷爷表达我对他深切的怀念，向康塞塔奶奶和勒达奶奶来一个拥抱，我爱你们。就我个人而言，这本书是为奇安弗兰科（朋友、商业伙伴、第二位父亲和祖父）而写的。他教我如何正确做事，却忘了教我如何做错事。这本书也是为米凯拉写的，她足够坚强，始终坚持追求自我，而且她足够聪明，知道如何选择一条好的道路！

简 明 目 录

详 细 目 录

第 1 章

人工智能软件

让我们算一算，先别说话，算一算，看看谁是对的。

——莱布尼茨 [①]

对于现在的软件，17 世纪以来，少数伟大的思想家就想到过它的雏形。一些数学家、哲学家和科研人员，以不同的方式和不同的抽象程度，对一种能自动化知识获取和分享的通用语言产生了憧憬，尤其是莱布尼茨，他得出结论（或者只是有些不切实际的梦想），人类的推理过程至少有一部分可以机械化。他甚至设计了一个抽象的引擎——推理演算器——来处理用某种符号语言和适当符号来写的语句。

两百多年来，虽然莱布尼茨关于演算（微积分）的富有远见的笔记一直没有出版，但符号语言的思路应用到了他在 1684 年引入的无穷小数的符号中。几乎在同一时间，牛顿正在发展他的数学方法来解释运动和引力的物理学。

19 世纪末，莱布尼茨两百多年前的工作启发了逻辑学家，使得他们大胆地超越当时仍占主导地位的亚里士多德的逻辑。特别是德国科学家弗雷格，他毕生致力于设计一个可以用来表示所有数学陈述的综合理论。不过，他的工作成果中存在一个 bug，就在整部作品付印的前几天，我们伟大的"beta 测试员"伯特兰·罗素发现了这个 bug，由此引出了著名的罗素悖论。

有趣的是，用罗素悖论去看弗雷格的理论，并不能发现一些错误或虚假陈述。几十年后，哥德尔的不完备定理表明，弗雷格或罗素的推理都没有错。事实上，哥德尔用一个反例来证明，最初由弗雷格所设定的后来被罗素否认的假设是不现实的。

---

① 译注：选自 1685 年发表的《发现的艺术》。莱布尼茨（1646—1716），德国哲学家和数学家，其父亲是莱比锡大学伦理学教授，家里藏书颇丰。莱布尼茨 12 岁学拉丁文，14 岁进入莱比锡大学，20 岁完成学业，成为一名律师。

再之后，图灵开始了抽象数学的不朽之旅，最终形成了图灵机，有史以来第一个完全定义的符号计算模型。

但软件又是什么情况呢？

1.1　软件的源起

哥德尔不完备定理划定了数理逻辑不能超越的界限。从本质上讲，不完备性意味着有些事情就是不能通过任何形式推理（formal reasoning）来证明其真或假。事实就是这样。

然而，虽然这是一个令人沮丧的结果，但凡事都有两面。正是它的另一面，打开了我们今天所说的"软件"的闸门。不完备性虽然扼杀了 17 世纪博学者的梦想，但它同时却又表明，在一致的形式系统的边界内，任何推理总是可以表示为一组形式转换规则，所以能以某种方式进行"机械化"处理。

这一事实是任何基于计算机的推理的理论基础，并标志着软件的诞生。

1.1.1　计算机的形式化

哥德尔不完备定理（1931 年）启发了一些独立的研究路线，20 世纪 30 年代中期有了一些成果。

- **一般递归函数**　由哥德尔本人定义，一般递归函数是一种可计算的逻辑函数，接收一个有限的自然数元组并返回一个自然数。
- **Lambda 演算（λ 演算）**　由阿隆佐·邱奇[②]设计的一种形式，用于定义对自然数进行的一些机械计算。
- **图灵机**　能通过写在一条无限长的纸带上的符号进行计算的计算机的理论模型。

接下来，在 1936 年，邱奇 - 图灵论题统一了三类可计算函数。该论题证明，

[②] 译注：Alanzo Church（1903—1995），美国科学家，1936 年发表可计算函数的第一份精确定义，对计算机理论的系统发展做出了巨大的贡献，在普林斯顿大学工作了 40 年。

当且仅当一个函数在图灵机中可计算，并当且仅当它是一个一般递归函数时，就可以在 λ 演算中计算。该论文的最终结果是造出机械装置是可能的，该装置可以通过对符号的操作来再现任何可以想象的数学推导过程。

第二次世界大战的爆发加速了能够计算数字和自动化任务的电子机器的研发。现代计算机的著名先祖包括恩尼格玛密码机（Enigma）及对应的解码机 The Bombe（图灵做出了重大贡献）；德军使用的洛伦兹密码机（Lorenz）及英国的巨型机 Colossus（最终破解了洛伦兹密码）。所有这些模型机都是在欧洲建造的，而美国在战争的最后时刻，在现代计算机科学的另一位大人物约翰·冯·诺伊曼的监督下，建成了 ENIAC 计算机。

所有这些机器都基于邱奇 - 图灵论题所奠定的理论基础。

1.1.2　计算机工程设计

20 世纪 50 年代，远离战争的喧嚣，研究重启，科学家们面临着设计计算机架构的紧迫问题。想象一下，站在其中某个伟大人物的立场，你会怎么做？

想一想：现在是 20 世纪 50 年代，在经历了战争的洗礼之后，世界焕然一新。在过去的几年，你和你的同行基于唯一可行的理论证据建造了专用机器。战争突发迫使你围绕着非常具体的任务建造机器（主要是根据数字来计算数字），但你知道还有更多可能。在该理论的指导下，已经有了用机电阀门、电线和转子等设备建造的一种数字运算设备。基于相同的理论，你可以设计一台机器来计算任何可以通过一致的符号语法表达的东西。这关系到创造，并不是从其他数字中获取数字。

基于任何一位伟大人物的立场，你可能会觉得自己简直可以封神。

而且，你可能会预见到一台机器能以与人类相同的方式行事。然后，你可能想要知道这个关键问题"机器能思考吗？"的答案。

对计算机进行工程设计时，似乎总是自然把这种机器联想成人脑的代用品。最初的重点是工程部分——如何将物理部分连接到一个整体架构中，以便能灵活地处理数字和表示更复杂的信息当时没有人会想到我们今天所说的"软件"。

目标是创造有智能的机器，而模型就是人脑。

1.1.3　人工智能的诞生

人工智能（Artificial Intelligence，AI）一词是在 1956 年正式提出的。当时，约翰·麦卡锡在美国新罕布什尔州的达特茅斯学院组织了一个为期 6 周向一些数学家、工程师、神经学家和心理学家开放的夏季研讨会。

设计该研讨会的初衷是围绕思维机器的想法进行头脑风暴。当时，思维机器这个抽象主题正在两个不同的、基本相反的研究背景下进行辩论。自动机理论直接来源于丘奇和图灵的工作，控制论则直接来源于巴贝奇的理论，并由冯·诺伊曼转化为具体的硬件。

为了取悦和吸引两个阵营的研究人员，麦卡锡选择了人工智能这个新的名字，因为它具有中立性。另外，麦卡锡想对两套学术研究进行统一，他认为两者属于同一个实体。

然而，研讨会的最终目的是为一些共享的方法和实践打下基础，以建立和人脑对应的造物。

由于许多人拒绝了邀请，所以这次研讨会实际上并没有产生具体的成果。不过，它作为人工智能的诞生而被永远载入了史册。

1.1.4　作为副作用的软件

为了模仿人脑，才有了计算机的诞生，并以正式和可计算的方式来呈现智能。但是，正如近年来许多流行的互联网"谜因"或"表情包"一样，在某个时间段，一些事情突然就"变"了，其结果正是我们目前所说的软件，因为从某种程度上看，软件是我们在追求智能的人工形式时所产生的废品。

什么是软件

有趣的是，作为后来人，年轻的开发人员可能还不清楚这样的事实：所有软件都源自冯·诺伊曼计算机架构的定义，该架构引入一个关键的概念，即指令肯定是与硬件分离的，不能硬编码到物理组件中。冯·诺伊曼架构与现代设备使用的架构相同，由一个提供基本计算逻辑的处理单元（CPU）、多级存储器和输入/输出机制组成。

安排机器来执行指令的编程语言在 20 世纪 50 年代开始出现，并在下一个十年得以迅速发展。当时，软件显然是使用计算机的必要条件，也必定是构建智能自动化行为的工具。

进入 20 世纪 60 年代后，人们意识到，要想编写软件来实现任何最低限度的可接受的行为，都需要专注、规程和方法。并非巧合的是，"软件工程"一词在 1968 年左右开始流行起来。

尽管软件在宇航员登月计划中发挥了关键的作用，但它和人工智能完全不同，软件需要人脑来指挥行动。然而，业界认为软件已经够用了，人工智能的梦想可以再等一等。后来，20 世纪 70 年代初有了关系数据库和明确的方向：软件要为商业服务，人工智能转向学术领域。

1.2　软件在今天的作用

现在已经进入 21 世纪，软件在我们的日常生活中无所不在。但刚开始的时候，并不是这样的。几十年来，软件设计成围绕核心和原始数据的一个相对较轻薄的抽象层。储存和读取业务数据是主要目标，而软件的用途只是促进业务流程顺利进行。软件被设计为正确并（理想情况下）快速地执行任务。

软件的设计缺少对用户的关注。在某种程度上，人们还要仅仅因为能用上计算机就得感到由衷的高兴和感激。20 年前，互联网以及 iPhone 改变了这个局面。大量新的方法论问世，而且最重要的是，工程师和管理者终于都意识到了用户的重要性。

为了善待用户并使信息触手可及（这是比尔·盖茨的一句老话），软件必须以不同的方式围绕不同的——完全不同的——用户故事进行设计。总而言之，在现代社会，任何软件都有以下三个主要的目标：

- 使人们免于重复和无聊的任务；
- 反映现实世界中发生的过程；
- 帮助人们并为他们赋能。

自早期的 ENIAC、Fortran、IBM 大型机和工作站出现以来，这些目标并没有发生显著的变化。云时代以及（"脑洞"一下）未来可能的量子计算时代也不例外。它们构成了软件的本质并在某种程度上是普遍通用的。

过去几十年发生的变化以及可能进一步发生变化的，是这些目标与一般人、公司、组织和企业的相关性。软件的目标不会变，其本质预计也不会变。相反，预计有变化的是为这些目标赋予越来越多的相关性，预计软件会越来越接近于现实世界，并为越来越多的人赋能。与此同时，为人类特有的其他任务节省时间或者单纯地增加趣味性。

为了实现这些目标，软件需要变得更加智能。

目前还没有称得上是"魔法棒"的人工智能，虽然还停留在想的阶段，但至少可以编写更智能的软件。一种方式是使用当前研究人工智能大环境下创建的工具。

1.2.1　自动化任务

在软件行业的初期，像存储和检索数据这样简单的事情被视为一种成功的自动化任务。但是，这么多年过去了，对自动化的需求和对"可自动化任务"的定义都发生了变化。20 年前人类用户可以愉快接受的许多任务现在被认为是枯燥的、重复的，适合交给更智能的软件应用来做。

时间线分析、文档扫描和文档的标准处理，例如调整照片大小或录入护照信息，这种任务就很适合交给一些简单的人工智能来处理。在这种情况下，我们可以对人工智能和条码阅读器进行比较。多年以前，条码阅读器以令人难以置信的方式理顺并加速了数据录入过程。同样，相对标准的神经网络，甚至是专用算法的实现，也能为当下类似的业务领域带来类似的助力。

1.2.2　反映现实世界

现在，新一代的汽车让一切变得简单：转动钥匙时，嵌入式软件会欢迎你，如果是周六，还会立即问你要不要设置通往购物中心的导航路线，因为你几乎每个周末都会这样走，哇，好聪明！开车时碰巧离另一辆车太近，仍然是同款嵌入式软件根据车型和当时的情况向你报警或帮你刹车，哇，简直更聪明！

然而，这其实与聪明无关，更多的是理解和模仿现实世界中发生的事情。本书作者之一在软件行业摸爬滚打三十多年，非常清楚早些年早期用户必须适应软件（而不是相反）的往事。毫无疑问，这样的事情仍然会发生，即使是现在写的代码，只不过频率有所降低。

请注意，受影响的不仅仅是用户体验，也不仅仅是前端和界面。为了能提供有价值的用户体验，通常还必须提供一个严肃、灵活和可扩展的后端。

在使软件进一步符合人类交互习惯的过程中，肯定应该了解一下当前所谓的认知服务（聊天机器人和基于语音的数据输入）。但如果只是进入云服务商店，订阅这样的服务就够了，那么说明你看到的只是问题的表面。认知服务的"智能"是个不错的"加分项"，但不应该以牺牲对用户友好的表单 / 菜单以及实现业务流程 / 统一语言为代价。

假设你是一名软件工程师，在认知服务的框架下设计了一个软件系统。如果该软件因为没有正确命名关键业务实体而无法识别它们，就意味着你并没有正确反映现实世界，也没有为客户提供优质的服务。重点在于，若是有一个简单的错误拼写或者一个存储结构不太合理的设计，再加上多年的日常使用，很有可能被判为重大的缺陷。

如今，我们太容易滥用 AI，受用某种"时髦"的技术，而不是关心什么技术才能真正地解决问题。这个问题至少会在短期内一直存在。我们已经看到，一些项目因为设计和产品选择不当而陷入了困境。而且，很不幸的是，这种现象很普遍。

1.2.3　赋能用户

软件越能反映现实世界，最终将越能增强人们在日常个人、社交和商业活动中的能力。反过来也如此：软件的用户越多，软件的发展和改进就越多。

如今，为了真正赋能用户，软件必须是智能和主动的。好的用户体验似乎越来越商品化，只不过产生的影响越来越少。AI 作为一种有效的工具，可以用来研究如何为用户提供更强大的功能并对用户使用数据产生更多的见解。

对于几乎任何用户活动，及时的建议、推荐以及准确的估计和预测都非常有用。如今，AI 不再是一个晦涩难懂的研究领域，而是完全集成于 .NET 6 等用途广泛的框架中，因此我们没有更多不使用它的借口。

挑战在于，如何在尽可能反映真实世界的实际应用场景中使用 AI ？

1.3　人工智能如同软件

人工智能与大家手头上用的软件并没有什么不同。事实上，AI 只是另一种软件。它推动软件为用户创造更多价值。尽管如此，围绕着 AI，还是有被过度炒作的嫌疑。

为了真正有效和广泛地使用，AI 解决方案必须易于编码，甚至更容易集成到新的和现有的应用程序中。没有任何 AI 解决方案是独立的，挑战在于如何将智能特性无缝集成到常规软件中。如果没有很好地隐藏在友好的界面之后，即使是最高级的神经网络，用户用起来也不方便。

专家系统是人工智能的第一种具体形式，应用于巡航控制系统、法律、税务、金融和医疗保健等多个业务领域。这些智能软件系统可以完成人类专家的工作，并且可以对固定数量的问题给出同样富有洞察力的答案。虽然专家系统的更新成本很高，但在某些时候，也会面临被淘汰的困扰。机器学习是下一步。

机器学习是 AI 的一个子集，通过创建一个模型来回答从未明确编程来给出答案的问题。事实上，专家系统大部分由复杂但固定的分支网络组成。专家系统能给出的任何答案都来自于硬编码的学习路径。然而在机器学习系统中，情况发生了变化。实际上，机器学习模型使用事先确定的数学函数根据给定的输入来计算输入。在使用之前，该模型先就一个大的样本数据集进行训练，目的是找到合适的数学函数来揭示输入和输出之间隐藏的关系。

关键不在于应该怎么选择机器学习方法或者 Python 是否比 ML.NET 更好。关键在于找到最合适的技术解决方案，为自己的应用程序添加新的智能功能，将现有软件转变为更智能的软件。

说到底，人工智能也是一种软件。

本章几乎不触及现代软件的任何"智能"因素。如今大多数软件都很复杂，我们面临的挑战是使其更智能和更贴近用户的需求。机器学习技术——无论是浅层学习算法还是神经网络——是一种有效的方法。本书其余各章将深入研究 ML.NET（.NET 6 平台的原生机器学习框架）的特性和功能。

第 2 章

透视 ML.NET 架构

> 在数学领域，提出问题的艺术比解答问题的艺术，更有价值。
>
> ——乔治·康托尔 [1]

作为消费者，我们从认知 AI（cognitive AI）中不断获得令人愉悦的体验，例如亚马逊、谷歌、苹果、微软和奈飞等。作为普通人，我们自然希望看到医疗保健等传统行业也可以提供类似的体验。传统行业中，一些公司的规模虽然比网络巨头们小，但比它们富有得多。在这些行业中，AI 的应用是缓慢而稳定的。用惯了智能软件，你会发现这是一种"降级"。虽然很少有传统行业的公司需要 Alexa 或 Cortana（小娜）等同一水平的认知 AI，但所有处于营业状态的企业都能从更智能化的功能中受益。

那么，什么是智能软件呢？

软件采用的是静态设计，需要了解其运行时的上下文。但只有智能软件的设计需要在运行时动态了解业务上下文。智能的本意（即能够获取知识并将其转化为专长）不正是如此吗？简单地说，智能结合了认知能力，包括感知、记忆、语言和推理，并使用特定的学习方法来提取、转换和存储信息。要将所有这些转化为代码，就需要用到特别的工具，这些工具有别于任何编程语言或核心框架中都有的基本逻辑功能。

营销部门喜欢将这些工具泛泛地称为人工智能，特别是在机器学习（ML）这个细分领域。那么，如何进行机器学习呢？

今天，大多数 ML 解决方案是利用 Python 生态系统所提供的工具来建立的。但这只是个方便与否的问题，而不是技术优秀与否的问题。本章将介绍 ML.NET

---

① 译注：出自 1867 年发表的博士论文。George Contor（1845—1918），德国数学家，无穷理论的创立人。

平台，即机器学习的 .NET 方式，这也是本书的核心话题。但不只如此，我们还要从架构的角度探讨常规的 ML 解决方案，并说明我们怎么理解 ML.NET 为何出现得恰逢其时。

2.1 Python 与机器学习

人们普遍认为，机器学习与 Python 编程语言是紧密耦合的。粗略扫视一下众多招聘职位的描述，明显能看出来。像 Python 和 C++ 这样的语言处于机器学习的最前沿，既有历史方面的原因，也有用起来方便的原因。但并不存在严格的商业或技术方面的原因阻止 .NET 和相关语言（C# 和 F#）有效应用于构建 ML 模型。

2.1.1 Python 为什么在机器学习中如此受欢迎

Python 是一种解释型和面向对象的编程语言，由吉多·范罗苏姆（Guido Van Rossum）于 20 世纪 80 年代末创建，宣称该语言的目标是语法最小化和可读性。作为编程语言，Python 的愿景是作为一个小型的核心语言引擎，拥有一个大型标准库和一个易于扩展的解释器。

诞生于科研环境中的 Python 已经成为科学家实践、探索和实验数字的一种事实上的标准编程语言。在某种程度上，它取代了 Fortran 在 20 世纪 60 年代和 70 年代的地位。最开始的时候，在一个热门的新科学领域（例如机器学习）中使用 Python 是一种自然的选择。而且，随着时间的推移，鉴于语言自然的可扩展性，最终建成了一个庞大的、包含各种专用库和工具的生态系统。反过来，这也加强了人们的信念，即通过 Python 来构建计算模型是最好的选择。

今天，大多数数据科学家发现 Python 在机器学习项目中使用起来很方便，这可能是由于该语言简单，以及额外还有丰富的工具和示例。作为开发者，我们也发现 Python 很适合用来快速重塑数据以找到最合适的格式、快速测试算法以及探索不同的方向。

一旦勾勒出清晰的路径，就必须训练机器学习模型并将其集成到运行环境。然后，必须监测它对实时数据的表现，而且必须及时应用更改并重新部署。这就是机器学习的生命周期，也称为 MLOps[②]。但是，一旦退出工具和库的实验，只寻找企业需要的东西——能正常工作并且可维护的代码时——Python 的结构性局限就暴露出来了。最起码，它是另一个需要集成到 .NET 或 Java 体系中的栈，而这正是大多数商业应用的编写方式。

> **注意**　从机器学习实验（通常用 Python 和笔记本完成）到部署是很困难的。事实上，根据 2020 年一份企业机器学习状况的报告，使用机器学习的公司中，只有 22% 的公司成功地将机器学习模型部署到了生产中。详情参见 https://bit.ly/3y8BxOH。
> 　　这就是 ML.NET 的一大优势——.NET 能使项目投入生产变得超级容易！

2.1.2　Python 机器学习库的分类

在 Python 中，工具和库的生态系统可以分为五个主要领域：数据处理、数据可视化、数值计算、模型训练和神经网络。这可能不全，因为此外还有其他许多的库，它们负责其他任务，并专注于机器学习的一些特定领域，比如自然语言处理和图像识别。

使用 Python 时，构建机器学习管道的步骤通常在笔记本的范围内进行。所谓"笔记本"，是在特定 Web 或本地交互环境中创建的文档，称为 Jupyter Notebook（参见 https://jupyter.org）。每个笔记本都包含可执行的 Python 代码、富格式文本、数据网格、图表和图片的组合。通过它们，可以建立并分享我们自己的开发故事。在某种程度上，"笔记本"相当于 Visual Studio 中的一个"解决方案"。

在"笔记本"中，可以执行诸如数据操作、绘图和训练等任务，而且可以使用一些预定义的、经过实战检验的库。

---

② 译注：可以理解为机器学习时代的 DevOps。

数据处理和分析

　　Pandas 库（https://pandas.pydata.org）以 DataFrame（数据帧）对象为中心，开发者可以通过它加载和操作内存中的表格（扁平）数据。对象可以从 CSV 文件、文本文件和 SQL 数据库中导入内容，并支持一些核心功能，例如条件查找、过滤、索引和排序、数据切片、分组和列操作（包括添加、删除和重命名等）。DataFrame 对象内置了灵活重塑和透视数据以及合并多个数据帧的能力。它也能很好地处理时间序列数据。

　　Pandas 库是数据准备步骤的理想选择。它与交互式笔记本的集成，因而能用它来对不同的配置和数据分组进行即时测试。

数据可视化

　　Matplotlib（https://matplotlib.org）作为一个辅助库，与机器学习管道的任何常见任务并没有直接的关系，但它在数据可视化方面特别好用，特别适合可视化地表示数据准备步骤各阶段的数据，或者表示模型训练好后获得的指标。

　　简单地说，它只是一个为 Python 代码建立的数据可视化库。它包括一个 2D/3D 渲染引擎，支持常见的图表类型，如直方图、饼图和柱状图（条形图）。图表在线条样式、字体属性、坐标轴、图例等方面是完全可定制的。

数值计算

　　由于 Python 主要用于科学环境，所以不可能没有一堆专门为数值计算而设计的扩展。在这个领域，最流行的库是 NumPy 和 SciPy，只不过两者的作用略有区别。

　　NumPy（https://www.numpy.org）专注于数组操作，提供创建、操作和重塑一维和多维数组的功能。此外，这个库还支持线性代数、傅里叶变换和随机数运算。

　　SciPy（https://scipy.org）用多项式、文件 I/O、图像和信号处理以及更多的高级功能（如积分、插值、优化和统计）扩展了 NumPy。

在科学计算领域，Theano（https://github.com/Theano/Theano）这个 Python 库也值得一提。Theano 基于多维数组对数学表达式进行求值，非常高效地利用了 GPU 的算力。它还能对具有一个或多个输入的函数进行符号微分。

模型训练

虽然最初是为数据挖掘而设计的，但今天的 scikit-learn（https://scikit-learn.org）已经发展成为一个主要侧重于模型训练的库。它提供了回归、分类和聚类等流行算法的实现。此外，scikit-learn 还提供了数据预处理的方法，如降维（dimensionality reduction）、特征提取（feature extraction）和规范化（normalization）。

简而言之，scikit-learn 是浅层学习（相对深度学习）的 Python 基础。

神经网络

浅层学习是机器学习的一个领域，涵盖一系列广泛的基本问题，如回归和分类。在浅层学习的领域之外，还有深度学习和神经网络。还有更多专门的库用于在 Python 中构建神经网络。

TensorFlow（https://www.tensorflow.org）可能是训练深度神经网络的最流行的库。它是一个综合框架的一部分，可以在不同层次上进行编程。例如，可以使用高层次的 Keras API 来构建神经网络，或者手动构建所需要的拓扑结构，并通过代码指定前进和激活步骤、自定义层和训练循环。总的来说，TensorFlow 是一个端到端的机器学习平台，也提供了用于训练和部署的机制。

Keras（https://keras.io）可能是切入令人眼花缭乱的深度学习世界的最简单方法。它提供了一个非常直接的编程界面，至少在快速原型设计时很方便。要注意的是，可以在 TensorFlow 中使用 Keras。

还有一个选择是 PyTorch，可以从 https://pytorch.org 获取。PyTorch 基于现有 C 语言库的 Python 改编，专门用于自然语言处理和计算机视觉。在这三个神经网络选项中，Keras 目前是最理想的切入点。只要它能满足自己的诉求，就可以

把它作为一个首选的工具。需要构建复杂的神经网络时，PyTorch 和 TensorFlow
则是首选，但它们使用不同的方法来完成任务。TensorFlow 要求在训练神经网络
之前先定义好整个网络的拓扑结构。相比之下，PyTorch 采用了一种更敏捷的方法，
并提供了一种更动态的方式来对图进行修改。在某些方面，它们的差异可以概括
为 "瀑布式与敏捷式"。PyTorch 比较年轻，还不像 TensorFlow 那样已经建立了
一个庞大的社区。

2.1.3　Python 模型顶部的端到端方案

使用 Python，可以很容易地找到建立和训练机器学习模型的方法。模型最终
是一个二进制文件，它必须加载到一个客户端应用程序并被调用，通常情况下，
是一个 Java 或 .NET 应用程序作为 ML 模型的客户端应用程序。

使用训练好的模型有三种主要的方式。

- 在 Web 服务中托管训练好的模型，并通过 REST 或 gRPC API 访问。
- 在应用程序中将训练好的模型作为一个序列化的文件导入，并通过它
  所基于的基础结构 (例如 TensorFlow 或 scikit-learn) 所提供的编程接口
  (API) 与之进行交互，前提是基础结构要为客户端应用程序的语言提供
  绑定。
- 训练好的模型通过新的通用 ONNX 格式对外公开，客户端应用程序要
  集成一个用于使用 ONNX 二进制文件的包装器 (wrapper)。

虽然 Web 服务选项最常用，但如果只是为了使用训练好的模型，那么最快
捷的方式似乎应该是客户端语言所特有的一个直接的 API。不过，下面几个方面
需要注意。

- 使用直接的 API 会使人用不到硬件加速和网络分布的优势。事实上，
  如果 API 托管在本地，任何专用硬件 (如 GPU) 都能随便取用。出于这
  个原因，如果想以非常高的速度实时调用一个图，那么应该考虑使用
  特制的、由硬件来加速的云主机。

- 你所选择的语言可能没有和特定训练模型的绑定。例如，TensorFlow 原生支持 Python、C、C++、Go、Swift 和 Java 这几种语言。

- 虽然从 .NET 代码中调用 Python(或 C++) 库并不是一个不可逾越的技术问题。然而，调用一个特定的库，例如一个训练好的机器学习模型，通常比调用一个普通的 Python 或 C++ 类更难。

总之，机器学习解决方案并不是独立存在的，必须在一个端到端的业务解决方案的框架内。由于许多商业解决方案都是基于 .NET 栈的，所以现在应该推出一个在 .NET 中原生训练机器学习模型的平台。使用 ML.NET 之后，可以一直留在 .NET 生态系统中，不必去面对将 Python 集成到 .NET 应用程序中的麻烦。

2.2　ML.NET 概述

ML.NET 首次发布于 2019 年春季，是一个免费的跨平台和开源的 .NET 框架，用于建立和训练机器学习模型并在 .NET 应用程序中托管这些 ML 模型。详情可以参考 https://dotnet.microsoft.com/zh-cn/apps/machinelearning-ai/ml-dotnet。

ML.NET 旨在为数据科学家和开发人员提供 Python 生态系统中能找到的同一系列功能（参考之前的描述）。ML.NET 是专门为 .NET 开发者建立的（例如，API 反映了 .NET 框架和相关开发实践的通用模式），是围绕经典的 ML 管道（ML pipeline，也称为 ML 流水线）概念建立起来的：收集数据、设置算法、训练和部署。此外，熟悉 .NET 框架和 C# 及 F# 编程语言的人都非常熟悉所有这些编程步骤。

ML.NET 最有趣的地方在于，它提供了一个相当务实的编程平台，围绕预定义学习任务的思路进行布置。即使是机器学习的新手，也可以用它配备的库相对容易处理常见的机器学习场景，比如情感分析、欺诈检测或价格预测，整个过程和平时的编程别无二致。

与前面介绍的 Python 生态系统的支柱相比，ML.NET 虽然基本上可以认为是 scikit-learn 模型构建库的对应物，但它另外还包括一些可以在 Pandas 或 NumPy 中找到的、用于数据准备和分析的基本设施。ML.NET 还允许使用深度学习模型(尤其是 TensorFlow 和 ONNX)。另外,开发者可以通过模型生成器(Model Builder)来训练图像分类和物体检测[3] 模型。最值得注意的是,整个 ML.NET 库是建立在整个 .NET Core 框架强大的功能之上的。

ML.NET 框架以一组 NuGet 包的形式提供。如果要开始构建模型,不再需要其他更多的东西。然而,从 16.6.1 版本开始,Visual Studio 还提供了模型生成器向导,可以分析输入数据并选择最佳的可用算法。我们将在第 3 章中再次讨论模型生成器。

2.2.1 ML.NET 中的学习管道

典型的 ML.NET 解决方案通常由三个不同的项目组成。

- 一个对任何机器学习管道步骤进行协调的应用程序,这些步骤包括数据收集、特征工程 (feature engineering)、模型选择 / 训练 / 评估以及存储已经训练好的模型。
- 一个类库,其中包含必要的数据类型,使最终模型在客户应用程序中托管后能够进行预测。但要注意的是,输入和输出模式并不严格要求建立自有项目,因为这些类可以在负责训练或使用模型的同一个项目中定义。
- 一个客户端应用程序 (网站、移动或桌面应用)。

协调器(orchestrator)可以是任何类型的 .NET 应用程序,但最自然的选择是控制台应用程序。

但值得注意的是,这种特殊的代码并不是一次性的。并不是说一旦生成模型,代码就没用了。更多的时候,无论在在生产之前,还是在生产中运行之后(尤其是后者),模型必须重新创建很多次。因此,训练器(trainer)必须设计成可以重复使用,而且容易配置和维护。

---

③ 译注:在 Visual Studio 中,object detection 目前翻译为"对象检测"。

上手实作

听起来很简单，但确实可以像图 2.1 那样先在 Visual Studio 中手动创建三个这样的项目。该图展示了三个雏形的项目，其中缺少许多文件和引用，但是细节已经足够丰富，可以帮助你体会到最终的效果。

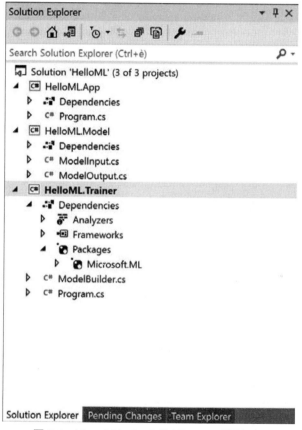

图 2.1　Visual Studio 中的 ML.NET 项目框架

除了对所选 .NET 框架（无论是 3.x 还是 5）的核心引用，就只需要额外加载 Microsoft.ML NuGet 包。

这个包并不全面，这意味着根据具体的意图，可能需要安装更多的包。然而，这个包足以让你开始使用并开始对库进行实验。让我们将重点放在训练器上，看看它需要与 ML.NET 库进行什么样的交互。

管道入口点

ML.NET 管道的入口点（entry point）是 MLContext 对象。它的使用方式与 Entity Framework DBContext 对象或数据库连接对象的使用方式差不多。需要有该类的一个实例，它在参与模型构建的各个对象之间共享。在大多数教程中，包括由 Model Builder 向导生成的示例代码，都采用了一种常见的做法，就是将模型构建工作流包装在一个专门的类中，通常把它直接命名为 ModelBuilder。

```csharp
public static class ModelBuilder
{
    private static MLContext Context = new MLContext();

    // 主方法
     public static void CreateModel(string inputDataFileName, string
outputModelFileName)
    {
        // 加载数据

        // 构建训练管道

        // 训练模型

        // 快速评做模型

        // 保存输出模型

    }
}
```

MLContext 类的实例对类的方法来说是全局的，包含训练数据的文件和最终输出文件的名称被作为参数传递。CreateModel 方法（或者为它选择的任何名称）的主体围绕着几个步骤展开，这些步骤涉及 ML.NET 库中更多的具体类，例如数据转换、特征工程、模型选择、训练、评估和持久化（persistence）等活动。

数据准备

ML.NET 框架可以从各种数据源（例如，CSV 样式的文本文件、二进制文件或任何基于 IEnumerable 的对象）读取数据，并通过围绕特定接口而构建的几个专门的加载器进行。这个特定的接口就是 IDataView，它是描述表格（扁平）数据的一种灵活而有效的方式。

基于 IDataView 的加载器作为一个数据库游标（database cursor）工作，并提供以任何可接受步调来浏览数据集的方法。它还提供了一个驻留在内存中的高速缓存以及将修改后的内容写回磁盘的多种方法。下面是一个简单的例子：

```
// 为管道创建上下文
Context = new MLContext();

// 通过 DataView 对象将数据加载到管道
var dataView = Context.Data.LoadFromTextFile<ModelInput>(INPUT_DATA_FILE);
```

示例代码从指定文件中加载训练数据，并将其作为 ModelInput 类型的集合进行管理。不消说，ModelInput 类型肯定是一个自定义类，反映了从文本文件中加载的数据行。以下代码展示了一个示例 ModelInput 类。LoadColumn 特性（attribute）指定当前属性（例如 Month）绑定到 CSV 的哪一列（例如列 0）。

```
public class ModelInput
{
    [LoadColumn(0)]
    public string Month { get; set; }

    [LoadColumn(1)]
    public float Sales { get; set; }
}
```

上述代码需要强调一点。代码其实是有一个关键的前提假设，即加载的数据已经是机器学习操作可以接受的格式。但更多的时候，需要对现有数据进行一些转换。其中最重要的是，所有数据必须是数字，因为算法只能读取数字。下面描述了一个现实的场景。

你的客户有来自多种数据源的大量数据。这些数据源包括时间轴系列、稀疏 Office 文档，或者由在线 Web 前端填充的数据库表。如果使用其原始格式，这些数据无论数量多少，可能都不太好使。数据的适当格式取决于所需的结果和所选择的训练算法。因此，在挂载（mounting）最终的管道之前，可能需要进行大量数据转换操作，例如以列的形式呈现数据，添加特殊的特征列，删除某些列，对值进行汇总和规范化，并尽可能添大密度。取决于具体情况，这些步骤可能只需要完成一次，也可能每次训练好模型后都需要完成。

> **注意**　从表面看，似乎在管道中集成数据处理是浪费时间，而且每次构建模型时都这样做似乎没什么价值。但这是一个利弊权衡的问题。我们通常谈论的是大量的数据，将其处理成某种中间格式可能很昂贵。但另一方面，如果原始数据和整理过的数据差别没有那么大，在每次建立模型时都转换数据可以带来巨大的灵活性，因为你可以在方便的时候更改转换参数。这是纯粹就是速度与灵活性之间的一个权衡。

训练器及其分类

训练是机器学习管道的关键阶段。训练包括挑选一种算法，以某种方式设置其配置参数，并针对给定的（训练）数据集反复运行。训练阶段的输出是导致算法产生最佳结果的参数集。用 ML.NET 的行话来说，该算法称为训练器（trainer）。更准确地说，ML.NET 中的训练器是一个算法加一个任务。同样的算法（例如 L-BFGS）可以用于不同的任务，例如回归或多分类（multiclass classification，将实例分为三个或更多类别）。

表 2.1 列出了一些支持的训练器，这些训练器被归为几种不同的任务。本书以后会更深入地介绍 ML.NET 任务，并研究其编程接口。

表 2.1　与训练有关的 ML.NET 任务

任务	说明
AnomalyDetection（异常检测）	检测与接受的训练相比，意外或不寻常的事件或行为
BinaryClassification（二分类）	将数据分为两类中的一类
Clustering（聚类）	在将数据分为若干可能相关的组，同时不知道哪些方面可能会使数据项发生关联
Forecasting（预测）	解决预测问题

任务	说明
MulticlassClassification（多分类）	将数据分为三类或更多类别
Ranking（排名）	解决排名问题
Regression（回归）	预测一个数据项的值

图 2-2 展 示 了 ML.NET 任 务 对 象 的 列 表，它 们 通 过 "智 能 感 知" 从 MLContext 管道入口点显示出来。

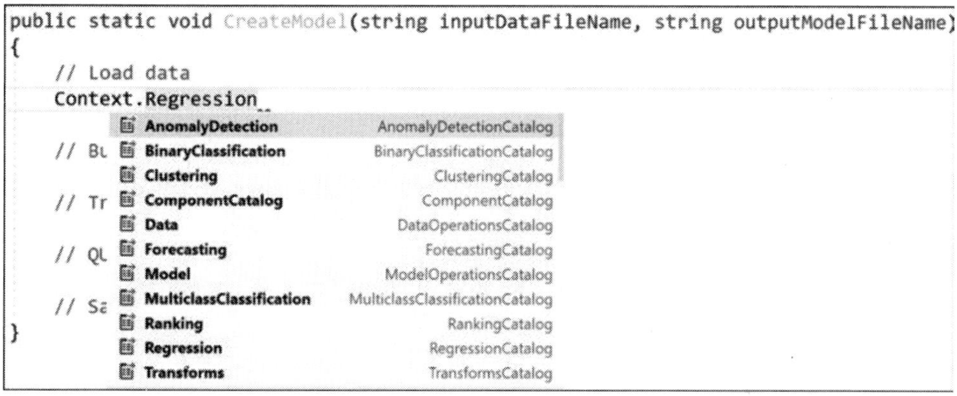

```
public static void CreateModel(string inputDataFileName, string outputModelFileName)
{
    // Load data
    Context.Regression
              AnomalyDetection           AnomalyDetectionCatalog
    // Bt    BinaryClassification        BinaryClassificationCatalog
              Clustering                  ClusteringCatalog
    // Tr    ComponentCatalog            ComponentCatalog
              Data                        DataOperationsCatalog
    // Qu    Forecasting                 ForecastingCatalog
              Model                       ModelOperationsCatalog
    // Sa    MulticlassClassification    MulticlassClassificationCatalog
              Ranking                     RankingCatalog
              Regression                  RegressionCatalog
              Transforms                  TransformsCatalog
}
```

图 2.2　ML.NET 任务对象列表

表 2.1 中列出的每个任务对象都有一个 Trainers 属性，列出了框架支持的预定义算法。例如，对于预测任务，一个好的算法是 "在线梯度下降"（Online Gradient Descent）算法。

```
var dataProcessPipeline = mlContext.Transforms.Text.FeaturizeText(...);
var trainer = mlContext.Regression.Trainers.OnlineGradientDescent(...);
var trainingPipeline = dataProcessPipeline.Append(trainer);
```

这段代码选择了算法的一个实例，然后将其附加到数据处理管道，管道末尾输出编译好的模型。这些简短的代码包含整个 ML.NET 编程模型的精华。整个管道一步步构建然后再运行。

还要注意，ML.NET 为每个预定义的任务支持几种特定的算法。具体而言，对于回归任务，ML.NET 框架还支持 "泊松回归"（Poisson Regression）和 "随机双坐标上升"（Stochastic Dual Coordinate Ascent）算法，还有许多算法可以通过新的 NuGet 软件包随时添加到项目中。

　　一旦管道建成并完全配置好，它就可以在提供的数据上运行。从这个方面说，管道是一种抽象的工作流，它处理数据的方式类似于 .NET 中的 LINQ 可查询对象对"集合"和"数据集"的处理方式。

　　一旦训练完成，模型就单纯只是计算图的序列化，它代表某种数学表达式，或者在某些情况下，代表一棵决策树。表达式的确切细节取决于算法，在某种程度上，还要取决于问题类别的性质。

2.2.2　模型训练执行摘要

　　解释模型训练的机制远远超出了本书的范围，我们的重点是 ML.NET 框架本身。然而，至少要对它的含义和工作原理做一个简要的回顾。为了进行更深入的分析，很容易找到网上资源以及书籍。特别是，可以参考我们 2020 年出版的《机器学习导论》一书。在那本书中，我们主要关注大多数问题背后的数学知识以及迄今为止为每一类问题发现的算法解决方案。

训练阶段的目的

　　从抽象角度说，算法是导致问题获得解决的一系列步骤。在人工智能中，主要有两类问题：实体分类和预测。每一类问题都有几个子类，例如排名、预测、回归、异常检测、图像和文本分析等。

　　实际上，机器学习管道的输出是一种由算法（或算法链）构成的软件工件，其参数部分（设置和可配置的元素）已根据提供的训练数据进行了调整。换言之，机器学习管道的输出是算法的实例，和面向对象语言中的"类"的实例一样，它已经进行了初始化，其中容纳一个给定的配置。用于算法实例的配置是在训练阶段发现的。图 2.3 概述了这一模式。

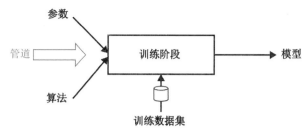

图 2.3　机器学习过程的训练阶段的总体模式

计算图

如前所述，模型就是一个数学黑箱（一个计算图，即 computation graph），接受输入并计算输出。输入和输出是数字列表。在面向对象的环境中（例如在 .NET 中），模型是用类来建模的。

图 2.4 展示了一个抽象的和具体的视图，描述客户端应用程序最终如何使用已经训练好的模型。输入数据流入，图中的工具处理数字并生成一个响应，供应用程序处理。

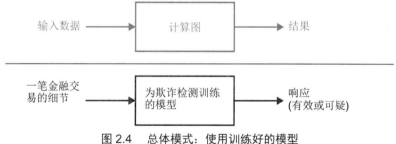

图 2.4　总体模式：使用训练好的模型

例如，如果有一个已经训练好的模型用来检测金融应用中可能存在的欺诈性交易，那么就会调用模型中的图来处理这一笔交易的数值形式并生成一些值，这些值可以解释为该笔交易是应该批准、拒绝还是标记为需要进一步调查。

模型的性能

"机器学习"这个词听起来很吸引人，但它并不总是能够完全代表 ML.NET 或 Python 的 scikit-learn 等低级别 ML 框架中真正发生的事情。在这个层面上，训练阶段只是反复处理训练数据集中的记录来最小化误差函数。

- 生成数值的函数——计算图——由选定的算法定义。
- 误差函数是添加到处理管道中的另一个元素，在某种程度上也取决于选定的算法。
- 误差函数测量图为测试数据生成的值与嵌入训练数据集中的预期数据之间的距离。
- 图以默认配置进入训练阶段，如果测得的误差对预期目标来说太大，就更新该配置。
- 当速度和准确度之间达到良好的折衷时，训练结束，图的当前配置被固定并序列化以用于生产。

整个过程在 ML.NET 框架内的训练阶段反复进行。图 2.5 总结了这些步骤。

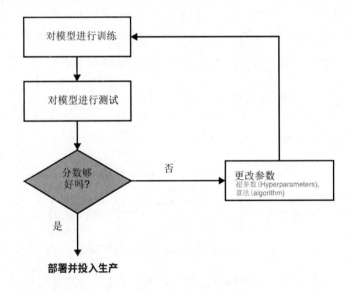

图 2.5　机器学习模型的生成

注意，这里描述的评估阶段是在 ML.NET 框架内发生的，更常规地说，是在所选择的机器学习框架的范围内发生的。评估的实际性能是基于预先给定的算法参数（称为超参数）和内部计算出来的系数的一个集合，在训练数据上获得的。

这和在生产中测量模型的性能不一样。在训练阶段，测量的只是模型在样本数据上的表现。但是，样本数据只是模型部署到生产环境后所面对的数据一个现实快照。更关键的评估阶段要在以后进行，甚至可能要基于不同的超参数和不同的算法来重建模型。

在 ML.NET 中，训练阶段的模型质量是通过一种被为评估程序的特殊组件来测量的。

了解评估程序

评估程序是一个实现给定指标的组件。评估指标（evaluation metrics）特定于具体的算法；在 ML.NET 中，它特定于正在进行的机器学习任务。请访问以下网址，了解每个 ML.NET 任务最适合什么样的评估程序：

https://docs.microsoft.com/en-us/dotnet/machine-learning/resources/metrics。

关于使每个指标符合特定任务的数学原因的更深入讨论，可以从之前提到的《机器学习导论》一书中找到。

例如，对于一个预测问题，例如估计出租车的费用（以及一般的回归和排名/推荐问题），需要考虑的一个关键指标是平方损失（Squared Loss）或者均方差损失（MSE）。这个指标的作用是测量回归线与测试预计值的接近程度。对于每一个输入的测试值，评估程序取计算的实际值和预期值之间的距离，求平方，再计算均值。之所以要平方，是为了增加较大差值的相关性。

有趣的是，嵌入 Visual Studio 的 Model Builder 已经做了一些工作。它首先让你选择问题的类别（机器学习任务）并指定训练数据集。在此基础上，它自动选择一些匹配的算法，对其进行训练，并根据自动选择的指标测量其性能。然后，它做出最终决定，并建议你应该如何开始编码自己的机器学习解决方案。

一般来说，机器学习项目中有几件事情可能出问题。

- 在探索给定数据集时，所选的算法(或算法的超参数)可能不是最适合的。
- 原始数据集需要更多(或更少)的列转换。
- 原始数据集对于预期的目的来说太小了。

作为一个例子，表 2.2 总结了 Model Builder 为预测（回归）任务选择的各种算法的分数。

表 2.2 一个示例回归任务的多种算法和分数

算法	均方差损失	绝对损失	RSquared	RMS 损失
LightGbmRegression	4.49	0.38	0.9513	2.12
FastTreeTweedieRegression	4.70	0.44	0.9491	2.17
FastTreeRegression	4.83	0.41	0.9486	2.19
SdcaRegression	10.52	0.87	0.8845	3.27

经过 Model Builder 的一次测试运行后，显示所有特征算法最终都获得了良好的分数，但 Model Builder 按如表格所示的顺序排名，所以我们应根据指标所提供的证据选用 LightGbmRegression 算法。要特别留意"平方损失"这一列。对于排名前三的算法来说，得分是可以接受的，而对于 SdcaRegression 来说，得分明显更差一些。但另一方面，SdcaRegression 的训练速度要快得多。机器学习的黄金法则是，一切都需要权衡。

> **注意** 要考虑的另一个方面是，一旦模型投入生产，即使有最好的指标，也仍然可能出错，预测不符合业务预期。之所以发生这种情况，可能是因为用于训练的数据行不充分，至少不如生产环境中要求模型管理的真实数据充分。

2.3 使用训练好的模型

训练阶段结束后，会得到一个模型，其中包含运行哪种算法和使用哪种配置的指示。该模型文件是某种序列化格式的压缩文件。请注意，存在一种通用的、可互操作的格式，即 ONNX 格式。ML.NET 也支持这种格式。

但是，现在的模型还不能用。为了让它活起来，需要在运行时环境中加载它，这样就可以公开一个 API，以便从外部调用计算。

2.3.1　使模型可从外部调用

一旦保存到文件（通常是一个 ZIP 文件），模型就是对一些输入数据进行计算的直接描述。第一步是把它包装到一个框架引擎中，后者知道如何反序列化图形并在一些输入数据上执行它。

ML.NET 有一套量身定做的方法可供使用。为了在 ML.NET 中调用先前训练好的模型，需要使用以下基本代码。

```
public ModelOutput RunModel(string modelFileName, ModelInput input)
{
    var ml = new MLContext();
    var model = ml.Model.Load(modelFileName, out var schema);
    var engine = ml.Model.CreatePredictionEngine<ModelInput, ModelOutput> (model);
    return engine.Predict(input);
}
```

示例函数获取的参数包括序列化好的模型文件的路径以及对其进行预测的输入数据。例如，如果模型估计的是打车费用，那么 ModelInput 类就要描述此次出行的具体情况。模型使用的细节通常包括距离、乘车时间（白天和晚上的费率不一样）、要求的服务类型、路况、涉及的城市区域以及其他任何确定的内容。ModelOutput 类描述了用于训练的算法的输出。它通常是一个简单的 C# 类，只有几个数值属性。下面是一个例子。

```
public class ModelOutput
{
    public double Prediction { get; set; }
}
```

ML.NET 外壳代码创建了一个预测引擎的实例，它将执行反序列化、执行图以及返回计算值的任务。从软件开发者的角度来看，调用一个 ML 模型与调用一个类库方法没有什么区别。

2.3.2　其他部署场景

将训练好的模型直接嵌入到客户端应用程序，这是目前最简单的一种部署方案。但需要强调两个潜在的痛点。

一个是针对目标"运行时"环境（这种情况下是 .NET 框架），对模型进行反序列化，并将其转化为可执行的计算图所产生的成本。另一个是建立预测引擎的（相关）成本。如果客户端应用程序是一个每秒会发生数千次调用的 Web 应用，那么这两种操作的执行成本都会相当高。PredictionEnginePool 这样的类正好能够在这里派上用场。

因此，前面展示的代码片段对于理解整个过程是很好的，但不一定适合生产。更现实的是，企业需要训练一个模型，将对业务来说十分关键的过程作为一种服务向各种运行中的软件应用程序公开。这意味着该模型应该被集成到某个 Web 服务中，而且应该使用适当的缓存和负载平衡层以确保适当的性能。

简而言之，一个训练好的模型可被看成是一个业务黑盒，它可以作为本地类库使用，作为 Web 服务使用，甚至作为一个有自己的存储和微前端的微服务。没有哪个选项比其他选项更优秀。相反，所有选项都是可行的，供架构师选择。

2.3.3　从数据科学到编程

如果把训练好的模型看成是一个自主的、集成在特定类型的软件应用程序中的黑盒工件，那么应该也能看到数据科学和编程之间的边界。数据科学提供模型，编程使其可用。这两个方面都有严格需求，也是不可避免的。

任何训练好的模型，如果没有一个像样的编程接口（无论是以类库还是 Web 服务的形式），都将一无是处。需要掌握特定的技能才能构建一个有效的模型。首先，需要领域的专业知识。其次，要懂统计学和数学，要会辨别算法和指标，并会对数字进行解释。在极端情况下，还需要有开发新算法（包括神经网络）或定制现有算法的能力。单纯的开发人员很少具备这些技能。

同样，为了向外公开一个能发挥作用的模型，需要充分注意主机应用程序的整体性能和可伸缩性，还要兼顾用户体验。比如，打车费用预测模型最终需要用数值来表示任何类型的信息，但你很难指望路途中使用该应用程序的人以输入数字的方式来指定其目的地。这就是编程工作的意义。

在这种情况下，ML.NET 接受了一个有趣的挑战：使开发人员能够自主编码机器学习任务——至少对相对简单的问题实例以及不要求相当高的精度的情况而言。这正是机器学习任务和 AutoML（Model Builder 背后的引擎）的最终目的。在这本书中，我们将深入介绍 ML 任务，但还要通过最后几章来从一个更真实的视角来看问题。高精度，如果有必要的话，是有代价的！

2.4　小结

ML.NET 目前的定位是 .NET 领域进行机器学习的一个参考平台。它主要用于浅层学习，不提供构建神经网络和深度学习的直接支持（仅支持使用现有的网络）。而另一方面，Python 领域同时有浅层学习的库（scikit-learn）和构建神经网络的库。

但是，ML.NET 最有趣和有前途的一个方面是，它提供了一种整体方法，使机器学习更容易上手，开发人员也更容易设计。没有开发者能在一夜之间变成专家级的数据科学家，即使完全消化了本书的内容。但是，任何对新技术和人工智能感兴趣的开发者都能通过 ML.NET 快速进入令人眼花缭乱的机器学习世界。

如前所述，虽然 Python 在数据科学家中相当流行，但并没有充分理由说明机器学习模型为什么不能使用 .NET（或其他语言，包括 Java 和 Go）来开发和测试。一切都有生态和易用性有关。ML.NET 依靠的是 .NET Core 基础结构以及 Visual Studio。

下一章将研究一个简单而完整的例子：打车费用预测，我们将要讨论特征工程和特征选择。更重要的是，要演示一个客户端 Web 应用。

第 3 章

ML.NET 基础

我的脑洞打开了。

——保罗·厄多斯[1]

我们在应用机器学习（applied machine learning）中观察到一个常见的角色区分发生在数据科学家和程序员之间。前者被认为是知道炼金（数学）技巧的巫师，而后者不过是乐于助人的好人。

不过，数据科学和编程这种二分法仅在非常高的抽象层次上成立。事实上，仅仅对数据进行建模是不够的。将数据设计成可行的结构和管道的能力，决定着基于人工智能的系统是否可以成功投入生产环境。

第 2 章讨论了 Python，也介绍了 ML.NET，指出便利性一直是使用 Python 的关键驱动力。Python 对于数据科学实践来说确实不错，但在从原型设计到生产时，它就不再是一个很好的工具了。ML.NET 与 .NET 框架很好地结合在一起，它位于数据工程领域的开端，帮助我们超越单纯的数据科学，朝实用智能软件的方向迈进。

本章分析 ML.NET 的基础，重点是数据处理、训练以及基于机器学习的软件解决方案如何才能投入"生产"。

3.1 通往数据工程

首先，让我们概述一下机器学习项目中实际可能遇到的下面三大专家角色：

- 数据科学家

---

[1] 译注：Paul Erdos（1913—1996），匈牙利数学家。1983 年以色列政府颁发的 10 万美元"沃多夫奖金"由他与我国的数学家陈省身教授平分。他发表了近 1000 篇数学论文。1992 年，国家数学竞赛世界联盟以他命名了一项世界大奖，2018 年华东师大数科院熊斌教授荣获了此奖项。

- 数据工程师
- 机器学习工程师

这里的"角色"只是一个技能集合，同一个人能够在同一个项目或公司中承担多个角色。事实上，各种角色所需的实际技能往往在某种程度上是重叠的，如图 3.1 所示。

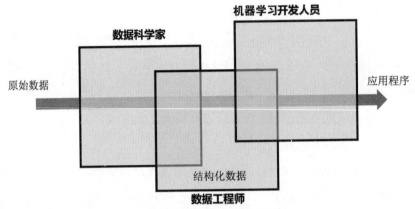

图 3.1　机器学习项目需要的角色

3.1.1　数据科学家的角色

顾名思义，数据科学家需要利用科学将原始数据转化为公司的产品。在此过程中，数据科学家利用数学和统计学的技术对现有的原始数据进行筛选，并对这些数据可以变成什么做出合理的猜测。

如我们所见，数据科学家的主要职责是确定公司能从其数据中学到什么，并判断哪些制品（或者更具体地说，哪些产品）可以规划，以及用于哪些商业目的。对任何数据科学家来说，良好的领域知识都是一个关键的加分项。抽象数学是一个强大的工具，但为了提供实质性的内容，必须充分理解公司的业务。

数据科学家观察数据，以许多不同的方式重塑数据，分析质量参数，试图修复可以修复的数据，并确定额外的或替代的数据来源。数据科学家可能还要构建可运行的模型，以探究思路和验证假设。Python 是用来完成这些活动的完美工具，因为它对非开发人员来说很容易上手，有利于他们轻松搞定日常任务的管理。

数据科学家的工作成果通常是一个可运行的模型，其软件质量往往是原型级别的，而不是一个能直接在生产环境中使用的产品。

在我们看来，对于那些会产生大量数据的大型组织（如能源公司、金融机构或生产企业），数据科学家团队是一项必要的投资。对于预算明显有限的小公司，将一些应用数据科学（applied data science）的成果作为服务来购买可能会更便宜。一个愿意建立机器学习解决方案的较小的组织可考虑优先购买能从原型或详细规格开始的资源，然后建立一些健壮和可伸缩的数据处理管道，最终将它们转变为一个可投入生产的交付物。

3.1.2　数据工程师的角色

第 1 章带领大家回顾了人工智能的发展史。简单地说，它在 17 世纪还是一个抽象的想法（接近于空想）。19 世纪，少数数学家把它变成数理逻辑的一个新分支。20 世纪 30 年代，图灵把它变成了计算的理论。然而，图灵机是一个抽象的模型，甚至还算不上是一个具体的原型，但它证明我们可以用它来做什么。

在生活中，科学家们发现并生产新事物的抽象模型，但随即要由工程师们负责生产实际的产品。数据的情况与此完全相同。

数据工程师的角色介于数据科学家和懂得一些机器学习基础的软件工程师之间。公司首先要弄清楚可以从其数据中学习到什么，但这只能算是完成了一半儿的工作。还有剩下几个问题需要解决。

- 如何收集和储存每天或每小时的数据？
- 数据是否应该以某种中间格式临时复制？
- 模型要想工作起来，需要进行什么样的转换？如何自动化做到这一点？
- 模型的实时性能如何？
- 预计模型多长时间需要重新训练以保持对实时数据正确响应？
- 如果重新训练是一个频繁的操作，如何使任何相关的任务（例如收集最新数据集、运行训练和部署最新模型）自动化？

所有这些任务都需要在持久性数据存储中操作数据。这种数据存储比纯文本文件更结构化，速度也更快。有的时候，把数据当作稀疏文件也许就足够了。但是，为了建立一个健壮的基础结构，你可能想换成某种样式的数据库（无论关系型、NoSQL 型或者图）和相应的查询语言。

通常，必须要有一个专门的提取 - 转换 - 加载（Extract-Transform-Load，ETL）管道并实现完全自动化，复制、分类、映射并将原始数据整合为更好用和有用的格式，为将来的维护和进化提供方便。"数据整理"（data wrangling）这个术语经常用来描述这种数据工程工作。

记住，数据科学专注于代表业务领域的静态数据样本。公司希望应用程序能通过一个可伸缩的模型来驱动动态和实时（live）的数据，以支持真实的工作负载。

ETL 管道本质上是一种软件。

3.1.3　机器学习工程师的角色

格式容易处理的数据使机器学习能够继续推进，例如构建一个训练基础结构，按数据科学团队的指导方针行事，以及在更一般的意义上将模型投入生产，供客户应用程序使用解决方案。

机器学习工程师主要从事软件开发，但在机器学习方面掌握了一些特定的技能。机器学习工程师比较熟悉机器学习框架（包括基于 Python 的框架）和整个机器学习管道的活动，并知道如何应用最佳实践（如面向对象、依赖项注入和单元测试）来编写好的代码，并知道如何使用 API 端点、Web 服务、REST 和 gRPC。

机器学习工程师的核心职责是将外部训练的模型物理集成到客户应用程序中，或者监督基于数据科学规范的模型的构建和训练，后者是一项更为细致的任务。

还要指望从机器学习工程师那里得到业务和学习方面的指导，这可能并不现实，就像雇一个数据科学家就认为自己已经完事儿一样不现实。虽然不是不可能，但一个人身兼多职不太现实。然而，任何一个角色的专业人员都应该准备好获得其他角色的知识。机器学习是许多东西的组合。Y 型学习方法比 T 型学习等更有价值。

> **注意**　T 型是指在一个领域有极深的专业技能，但在所有周边领域技能水平相对一般。换言之，Y 型的技能与 T 型的技能在某一领域的深度一样，但 Y 型的技能在其他更接近主要专业的领域也具有更深入的专业知识。因此，无论什么专业，Y 型技能的专业人员都更全能。

如果仍然不清楚 ML.NET 能提供的帮助以及它与 Python 的关系，那么我们可以肯定地告诉大家，ML.NET 是一个完美的工具，如果希望在 .NET 技术栈中为数据工程提供支持的话。

3.2　从什么数据开始

现在，我们要在 ML.NET 中体验一个端到端的旅程，看看如何发现可用的数据、建立业务思路、定义模型、训练模型并最终将模型运用到客户端应用程序中。

假设你的公司每天在一个特定的地区处理成千上万的消费者交易。客户已经准备好为服务付费，但业务性质决定着在服务完成之前服务费用不能完全确定。然而，你拥有所有交易的完整记录，日复一日。

你能从自己的数据中了解到什么呢？

3.2.1　理解可用的数据

数据科学的最终目标是从许多不同的角度和视角来看待现有的数据，力求发现任何隐藏的价值。数据科学家在数据面前就如同雕塑家在大理石块面前一样。据说，米开朗基罗在托斯卡纳北部阿普安阿尔卑斯山的一个山洞里看到大理石块时，得到了《大卫》雕塑的创作灵感。据称，米开朗基罗说，这块大理石在和他说话，引导他用双手来创造一部伟大的作品。

至于数据和数据科学，事情则容易得多。而且，最重要的是，我们的目标也不是一直要创造所谓的"杰作"。在涉及数据和数据科学时，对"杰作"的定义比雕塑和大理石宽松得多。

从数学科学的角度看数据

假设数据的所有者是一家出租车公司，数据由特定地区内众多出租车的几百万次付费交易记录组成。这些数据能讲出什么故事呢？一个可能的故事是交易密度，它可能揭示了在一天中的某个时间，哪个子区域的需求量最大。钱又是另一个故事——大部分钱是公司在哪里和什么时候得到的？换言之，出租车何时何地的回报率最高？

这两个示例故事属于一个已知的类别：统计市场分析。它们肯定有用，但并没有什么新意思。数据科学家能从数据中发现的一个新故事是猜测构成最终价格的动态因素。这种信息（从数据分析产生的预测）可用来预测收益，还能向客户预测他们可能要支付的车费。

一个数据集所讲述的故事取决于数据本身的性质和形状。显然，不是每个数据集都会告诉你同样的故事。但是，每个数据集都有可能告诉你有商业吸引力的故事。至于具体有哪些故事以及它有多大的吸引力，则取决于数据科学分析的质量，同时也是一个因果率和创造力的问题。

探索样本数据集

作为一个例子，我们的数据科学团队得到了一个由 7 列和几百万行组成的 CSV 文件。每一行都代表一笔付费交易，全部都由打车产生。分析的方向是由数据的实际特征和来源驱动。在本例中，一个现实的假设是数据来自公司的后端系统，该系统负责追踪乘车、出租车和付款。

每个数据行都包含一天中的时间、乘客数量、打车时长、行驶距离、付款方式（现金或刷卡）以及支付的车费。这足以让我们尝试进行价格预测，但与此同时，期望从这些数据中获得高准确率是不现实的。最起码，该数据集缺乏关于上下车地点的信息，也缺乏乘车时路况和天气的相关说明。

数据科学的任务是衡量从现有数据得出的预测的准确性，同时还要探索获取缺失数据并与原始数据集集成的方法。

单纯的数据科学和分析就是这么多了。那么，数据工程呢？

原始数据必须使用易于管理和整洁的数据结构进行组织。通过 ML.NET，数据集的每一行都可以成为一个 C# 类的对象，使其更容易构建和使用最终模型。下面的类展示了一个实际的例子。

```
public class TaxiTrip
{
    [LoadColumn(0)]
    public string VendorId; //厂商 ID

    [LoadColumn(1)]
    public string RateCode; // 价格代码

    [LoadColumn(2)]
    public float PassengerCount; // 乘客数量

    [LoadColumn(3)]
    public float TripTime; // 打车时长

    [LoadColumn(4)]
    public float TripDistance; // 乘车距离

    [LoadColumn(5)]
    public string PaymentType; // 支付方式

    [LoadColumn(6)]
    public float FareAmount; // 车费
}
```

LoadColumn 属性在特定属性和原始数据集中的相应列之间建立了一个静态绑定。如果来源是 CSV（以逗号分隔的值）或 TSV（以制表符分隔的值）文本文件，则用名称表示位置。

这个类很重要，因为它代表项目中最小的数据项，而整个数据集被描述为TaxiTrip 对象的集合。TaxiTrip 类也非常接近于传递给模型以获得响应的输入。在编程方面，这个类放到一个单独的程序集中，供任何有权使用最终训练好的模型的 .NET 客户程序引用。

3.2.2　构建数据处理管道

如前所述，数据工程做的是数据科学所设想（和原型化）的事情。任何机器学习算法都需要数字才能很好地工作。因此，在这种情况下，要考虑的第一个方面就是数据的呈现。

在大多数数据集中，有几列数据是由文本组成的。在本例中，我们也有一些文本特征，包括 VendorId、RateCode 和 PaymentType。所以，这些列中的值必须以某种方式鎏成数字，同时不改变单个值的分布和相关性。

常见的数据转换

ML.NET 库提供了辅助类来做这些形式的转换。下面展示一个例子。注意，mlContext 对象是标识 ML.NET 上下文的根对象。

```
var dataTransformationPipeline = mlContext
                .Transforms
                .Categorical
                .OneHotEncoding("VendorIdEncoded", "VendorId")
        .Append(mlContext
                .Transforms
                .Categorical
                .OneHotEncoding("RateCodeEncoded","RateCode"))
    .Append(mlContext
                .Transforms
                .Categorical
                .OneHotEncoding("PaymentTypeEncoded", "PaymentType"));
```

OneHotEncoding 方法向类别型（categorical）的值应用了一种常见的数据转换。该算法会为在指定列中发现的每个不同的类别型的值添加一个二进制（0/1）列。该方法的第一个参数是用来命名新列的前缀。

另一个可能有意义的转换是对数字列的平均方差进行规范化，如下所示：

```
pipeline.Append(mlContext.Transforms.NormalizeMeanVariance("PassengerCount"));
```

规范化的目的是尽量减少列中离群值的影响，这样模型就不会在正常的数值范围之外发生倾斜。此外，你可能还想从数据集中删除离群值。离群值（outlier，也称为"外点"）是指离平均值太远的数值。这个步骤可能并不总是必要的，但如果有理由相信离群值会影响结果，请务必这样做。可以通过简单地筛选加载的数据集来移除离群值。在这个样本数据集中，我们要删除所有 FareAmount（车费）列值低于 1 和大于 150 的行，如下所示：

```
mlContext.Data.FilterRowsByColumn(rawData, "FareAmount", 1, 150);
```

最后，由于 ML.NET 库的内部机制，还有两个转换需要进行。你需要有一个名为 Label 的列，代表预测的目标。另外，还需要一个名为 Features 的列，其中包含所有序列化为一个数组的行值。

```
mlContext.Transforms.CopyColumns("Label", "FareAmount");
mlContext.Transforms.Concatenate("Features", ...);
```

这样一来，就是告诉训练算法将最初的 FareAmount 列的值作为目标（现已在 Label 列中重复），并处理由 Concatenate 方法连接行中其他所有值而放到 Features 列中的输入值。

加载待处理的数据

ML.NET 采取功能性的方法来训练模型。首先定义一个行动管道（加载、转换、训练和评估）。接着启动并传递到实际数据的链接，开始训练。前面已经讲过适用于模型训练数据集的常见转换。现在，把重点放到数据的加载上，这是一个注定要发生的事情，没有任何花招可言。但这正是考虑放弃 Python 的最有说服力的理由之一，即使是在一个完整的 Python 解决方案可以接受的情况下。

对数据集进行训练需要处理大量数据，而这些数据必须放到内存中才可以使用。仅仅是在内存中加载全部数据，就会消耗掉大量资源。ML.NET 通过一个称为"数据视图"（data view）的对象来解决这方面的问题。然而，同样的问题在 Python 解决方案中往往很困难；只能像一个经典的数据库游标一样，每次来回移动一个数据项。

数据视图的工作方式类似于 .NET 框架中普通的可枚举对象，提供计数和访问集合中所有可达元素的方法。数据视图背后的接口 IDataView 代表所有数据查询操作中输入和输出的基本类型。它封装一个可枚举集合（其中包括 schema 信息）

并提供一个基于游标的导航系统，能逐行进行处理。数据视图对象与数据加载器对象结合使用，后者由 IDataLoader 接口来表示。数据加载器负责从一些外部数据源实际加载数据并返回一个有效的 IDataView 对象。

在 ML.NET 中，数据导航是基于游标的，并以数据视图的 GetRowCursor 方法为中心。这个方法只是返回游标，供客户端应用程序以一种"只进"（forward-only）模式在视图上移动。该方法还允许访问可用列的一个子集。

有趣的是，数据视图接口上的可选方法 GetRowCursorSet 能够返回一个游标数组，可以通过多个线程以并行方式运行，从而一次性覆盖数据视图的更大区域。在具体的数据视图对象中实现的 GetRowCursorSet 方法允许限制创建和返回的游标数量。

虽然单纯就功能来看，ML.NET 和其他语言的机器学习框架差不多，但在涉及技术细节时，它的设计显得更细致、更用心，解决了其他框架和语言已知的问题。仅此一点，就足以使 ML.NET 成为数据工程师的利器，更何况，它还有数据库工具和云功能。

关于数据集的更多事项

在关注 ML.NET 管道的训练步骤之前，有必要强调一下训练数据集的质量。任何机器学习模型都是一个转换器，它对传入的任何东西都能产生它能计算出来的任何东西。因此，只要输入的数据不充分、不足够或不平衡，就会得到不充分、不足够或者不平衡的答案。有鉴于此，训练数据集包含的信息必须涉及所有可能影响结果的因素。

本章首先介绍机器学习中三个主要的角色。讨论了数据科学如何处于链条的起点，而数据工程紧随其后。虽然这绝对是一个相当常见的情况，但有时事情可能发生变化，数据工程可能会先于任何数据科学分析。在某些业务场景中，如果搞不清楚哪些数据能被分离和处理来训练某个模型，就会出现这样的情况。

有的时候，数据工程师可能要按照要求准备一些 ETL 基础结构，将实时数据导入一个可管理的容器，让数据科学家发挥他们的技术，从而搞清楚可以学到什么以及如何学习。遇到这样的情况，一些初级的数据转换技能可能是必要的（需要掌握数据库工具），例如对类别型的值（categorical value）进行热编码，计算和 / 或聚合列，或者对值进行规范化。

出于训练的目的而转换数据的技能可以是数据工程和数据科学的一部分，一般用中性术语"特征工程"（feature engineering）来描述它。虽然特征工程指的是数据转换，但如果行为人是数据科学家或数据工程师，用于执行的工具可能会有所不同。在数据科学家手中，可能是一些 Numpy 或 Pandas 函数；而在数据工程师手中，则可能是 SQL 相关（或 ML.NET 相关）的工具。

作为最后一个例子，在出租车的样本中可能缺失了什么不好提取的数据？每次乘车时的路况是对准确预测至关重要的一种数据。这个信息可以从外部导入，团队也可以决定根据信息进行硬编码，例如计算类别型的值，检查每次打车在一天中的什么时间发生。在这个例子中，适当的数据转换可以帮助数据科学家做得更好，但如果没有一些扎实的 ETL 知识，真正做起来就可能会很棘手。

3.3　训练步骤

所有数据就位，并且准备好一个基础结构，可以开始将数据注入管道之后，就应该将重点放到训练器上了。所谓训练器（trainer），其实就是旨在尝试理解输入并输出分类或预测的一种算法。下面以机器学习的一个非常常见的用途为例：预测一次服务的价格。在本例中，是预测在已知地区打一次出租车的费用。

预测服务价格这样的数值时，大多数时候都归功于回归（regression）算法。我们将在本书第 II 部分讨论最常见的机器学习算法类别。回归这个大类下面存在许多不同的算法，首先选择哪个算法来尝试是一个经验问题，是对该领域的了解程度的问题，有时甚至是直觉问题。

无论为第一次训练选择什么样的算法，都需要它在训练后测试的指标中生存下来。如果数字不支持你的选择，可以考虑尝试不同的算法或以不同的方式塑造训练集。

机器学习几乎总是一个试错的过程。

3.3.1　选择算法

总的来说，价格预测是一个相对容易解决的问题。如果拥有密集而详细的数据，那么预测基本上就可以归结为选择最快的回归算法。在 ML.NET 中，适用于回归任务的训练器被分组到上下文对象的 Regression 属性下。以下代码将一个回归训练器添加到管道中：

```
// 指定训练算法
var trainer = mlContext
    .Regression
    .Trainers
    .OnlineGradientDescent("Label", "Features", new SquaredLoss());

// 把它添加到当前数据处理管道
var trainingPipeline = dataPipeline.Append(trainer);

// 开始训练模型
var trainedModel = trainingPipeline.Fit(dataView);
```

这里选择的是 OnlineGradientDescent 算法，算是正常情况下一个比较好的选择。但还有其他更快、更精确的算法，例如 LightGbmRegression。可以通过引用额外的 NuGet 包来使用任何这些更复杂的算法。在 ML.NET 的默认配置下，该算法通常是一个不错的选择。

该算法需要获取两个字符串参数来指定数据集中的输入和输出列（或特征）的名称。输出列是要预测的列。第三个参数表示误差函数，在测试阶段用于测量预测值和预期值之间的距离。SquaredLoss 对象指的是 R-squared 指标，这是回归问题的一个相当常见的指标。

一切准备就绪后，调用 Fit 方法即可开始对模型进行训练。

> **注意**　在训练管道上调用 Fit 方法很容易。前面的大部分尝试都来自数据科学家的专业知识。然而，对模型的训练不仅仅是一个方法调用。训练过程很难说是一次性的行动，大多数时候都要定期重复。换言之，它是代码，所以必须进行测试和维护。

3.3.2　衡量算法的实际价值

机器学习算法的价值来自多种因素的组合。一个是它收敛到可接受的结果所需的时间。训练器的速度是通过"计算复杂性"公式来衡量的，即运行它所需的步骤和资源的数量。

另一个因素是具体的算法——鉴于其内部步骤——如何对它所呈现的实际数据做出反应。事实上，同一个算法可在同一原始数据的不同形状上产生更多（或更少）的准确结果。但凡知道一些计算复杂度的理论，就不会对此感到惊讶。

最初提出的 Quicksort 算法的奇怪行为提醒我们，训练数据集的一种给定的表示可能会使本来就超快的算法表现得比其他算法更差。所以，必须谨慎测试模型，并以我们能达到的最佳指标为目标。性能可能取决于数据的组织，而数据的组织又取决于可用的原始数据，或者它们最初通过数据科学来提取和合成的方式。

> ### 计算复杂度
>
> 　　由于算法的复杂度对相同输入的不同形状可能有很大的不同,所以复杂度往往被表示为最佳、平均和最差情况。最差情况下的计算复杂度是指对于所有输入可能需要的最长时间。复杂度通常被表示为输入规模的一个函数。只有当输入规模无限增长时,才考虑函数的渐进行为。
>
> 　　为了理解数据的形状如何影响算法的性能,让我们考虑一下 Quicksort(快速排序)算法。这个算法是托尼 • 霍尔(Tony Hoare)于 20 世纪 60 年代初发表的,目前仍然是最快的排序算法之一,也是库和框架中最常用的算法。
>
> 　　平均来说,Quicksort 算法的复杂度为,其中是输入的规模,也就是要排序的数据数组的大小。众所周知,这个复杂度是任何排序算法中最快的渐近复杂度。在 Quicksort 的早期实现中,研究人员观察到算法和输入数据之间存在一种有趣的关系。如果数据预先排好序(无论升序还是降序),或者如果输入数据集中的所有元素都是一样的,算法的复杂度就会增长到令人无法接受的程度。
>
> 　　在该算法最近的现实实现中,这些边缘情况已被排除。如今,Quicksort 算法可以比其他任何排序算法快好几倍,同时呈现出相同的(最优)渐进行为。

3.3.3　计划测试阶段

　　在任何一个机器学习项目中,都有一堆独特的数据需要处理。这些数据的大部分用于对模型进行训练,其余的部分数据用于测试训练好的模型并抓取一些快速指标来评估模型的行为。

　　关键在于,要留下足够多的数据给训练器进行理解,也要留下足够的数据供评估程序进行测试。一般来说,如果数据分布均匀,使训练集中数据项的"内在性质"和测试集中的数据的"内在性质"相匹配,那么就适合采用 80/20 划分方式。

注意，普通的 80/20 划分指的是一种称为"留出法"[2]（holdout）的技术。对留出法进行编码很快，也很容易，但它只有在数据分布均匀的情况下才有效。划分方式也可以使两个子集保持平衡。但值得一提的是，只在 20% 的数据上测试模型。

交叉验证（cross-validation）是另一种测试技术，运行时间较长，但准确性高出很多。所有这些技术都能在 ML.NET 框架中找到硬编码的工具。交叉验证是借用自统计学的重采样（resampling）技术，它要求将原始数据集分为几组（例如 5 组），并反复使用任何一组作为测试数据集，其余组（例如 4 组）则作为训练数据集。在数据短缺的情况下，推荐使用这种技术，因为它能最大限度地利用现有的数据，将所有数据项都用于训练和测试。

3.3.4　关于指标

一旦获得训练好的模型，ML.NET 就可以提供一些预定义的服务来评估结果模型的质量。下面展示如何运行测试并获取指标。

```
7// 在测试数据集上运行训练好的模型
IDataView predictions = trainedModel.Transform(testDataView);
var metrics = mlContext.Regression.Evaluate(predictions, "Label", "FareAmount");
```

Regression 对象上的 Evaluate 方法获取测试数据集，遍历所有包含的数据项，查看 Label 列中的输入值和 FareAmount 列中的预期值。在 ML.NET 中，Evaluate 方法返回一个 RegressionMetrics 对象，表 3.1 对此进行了总结。

表 3.1　ML.NET 的 RegressionMetrics 类型的属性

指标名称	说明
LossFunction	双精度值。表示由传递给训练器的损失函数所返回的值的平均值。在这个例子中，它是一个 SquaredLoss 对象
MeanAbsoluteError	双精度值。表示预测值和预期值之间的绝对误差的平均值

[2]　译注：留出法是指将一个数据集（记为 D）划分为互反的两个集合，一部分化为训练集，记为 L，另一部分作为测试集，记为 T。

续表

指标名称	说明
MeanSquaredError	双精度值。表示预测值和预期值之间的均方差
RootMeanSquaredError	双精度值。表示预测值和预期值之间的均方差的平方根
RSquared	双精度值。RSquared（或 R2）也称为模型的决定系数（coefficient of determination）。它是由模型的均方差和预测特征的方差的比率给出的

在所有这些指标中，与回归算法最相关的是 RSquared，因为它可以指出算法在捕捉供预测的特征方差方面有多好。RSquared 指标的最优值是尽可能接近 1，这样的模型是最适合的。

> **注意**　怎么知道各种算法之各个指标的相关性呢？这就是专业知识，而且主要是数据科学的专业知识。然而，这种专业知识很容易从数据科学团队向下流动到开发人员而促进知识的转移，最终消弭机器学习专业角色的界限，就像图 3.1 展示的那样。

3.4　在客户端应用程序中使用模型

那么，训练好的模型是怎样的呢？它是一个二进制文件，其中不包含任何可执行代码。

训练好的模型是一个文件，其中存储对计算图（computational graph）的描述。这些信息按照严格的、通用的模式进行序列化，因而能在各种主机环境中进行读取和处理。在 ML.NET 中，训练好的模型是一个序列化的 ZIP 文件。它需要作为一个项目文件部署并加载到一个新的 MLContext 实例中，从而能从任何客户端 .NET 代码中加以使用。

下面创建一个示例 ASP.NET Core 应用程序来使用假设我们已创建好的打车费用预测模型。该示例应用程序的完整源代码可从本书配套资源中获取，也可以访问 https://youbiquitous.net 进行体验和下载。

3.4.1　获取模型文件

在 Visual Studio 中创建的典型 ML.NET 项目包括一个引导训练阶段的控制台应用程序。它包含的代码用于从本地或远程来源加载数据、应用转换、选择训练器、训练、评估以及持久化模型。输出结果为一个 ZIP 文件，其中包含序列化的训练模型和一个类库，后者包含用于映射训练数据集的 C# 类。下面这行示例代码展示了如何对模型进行序列化：

```
mlContext.Model.Save(trainedModel, trainingDataView.Schema, "model.zip");
```

Schema 参数描述了用于对模型进行训练的数据的模式。这个信息对于任何新创建的 MLContext 实例来说都是必要的，这些实例以后将用于加载模型。

3.4.2　完整项目

如前所述，机器学习项目并不只是包含生成单一可执行文件所需的基础结构。在一个典型的项目中，可能包含一个用于训练的模块、一个共享库以及客户端应用程序。图 3.2 展示了一个 Visual Studio 解决方案。

Training 文件夹包含控制台应用程序，后者知道如何使用给定的算法来训练数据集。其中，Output 子文件夹包含最后压缩好的模型文件。Model 文件夹是类库（具体是一个 .NET 标准库项目），它共享了训练和调用模型所需要的通用类型。

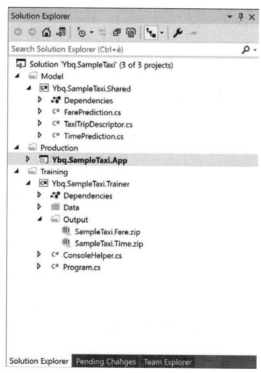

图 3.2　Visual Studio 中的示例解决方案

该共享库可能不需要引用 ML.NET 包。在 ASP.NET 项目下，可以在一个子目录中找到核心 Microsoft.ML 包以及训练好的模型文件的副本。

从 ASP.NET Web 应用程序的角度看，已经训练好的模型是一个静态数据文件，已通过包装器（wrapper）引擎的服务进行了处理。在端到端方案中，要将任何训练好的机器学习模型视为一个领域服务（domain service），即解决方案的业务层的一部分。

这个示例应用程序设置一个 HTML 视图来收集一些输入数据，然后调用一个控制器端点。控制器端点进而调用作为包装器的 ML.NET 引擎来获得响应。

3.4.3 预测打车费用

虽然这个例子是为 ASP.NET Core 编写的，但也可以在 .NET 框架应用程序（包括经典的 ASP.NET MVC 应用程序）中使用。下面展示控制器类，它在这个示例应用程序中处理预测服务，后者封装了机器学习模型。

```
public class FareController : Controller
{
    private readonly FarePredictionService _service;
    public FareController(IWebHostEnvironment environment)
    {
        _service = new FarePredictionService(environment.ContentRootPath);
    }

    public IActionResult Suggest(TaxiTripEstimation input)
    {
        var response = _service.Predict(input); return Json(response);
    }
}
```

FarePredictionService 类接收内容根路径，根据该路径来定位一个 ZIP 文件，其中包含要加载的、已经训练好的模型。用以下代码来调用模型：

```
public TaxiTripEstimation Predict(TaxiTripEstimation input)
{
    // 将从 UI 接收的输入映射到模型所需的输入
    var trip = FillTaxiTripFromInput(input);
```

```
    // 基于给定的输入参数预测打车费用
    var ml = new MLContext();
    var fare = MakePrediction(trip, ml, _mlFareModelPath);

    // 将预测的值复制到输入对象
    input.EstimatedFare = fare;
    input.EstimatedFareForDisplay = TaxiTripEstimation.FareForDisplay(fare);
    return input;
}
```

比起实际的预测，这里更关键的是来自 UI 的输入数据和模型所需要的数据（从引用的模型库中导入的 TaxiTrip 类）之间的映射。注意，TaxiTripEstimation 从属于客户端应用程序，它是 ASP.NET MVC 层使用 ASP.NET MVC 模型绑定（model binding）从 HTTP 上下文填充的一个辅助类。FillTaxiTripFromInput 方法中隐藏了细节（即字段的拷贝）。

实际预测在 MakePrediction 方法中进行。

```
float MakePrediction(TaxiTrip trip, MLContext mlContext, string modelPath)
{
    // 加载训练好的模型
    var trainedModel = mlContext.Model.Load(modelPath, out var modelInputSchema);

    // 创建和载入的、训练好的模型相关的预测引擎
    var predEngine = mlContext
        .Model
        .CreatePredictionEngine<TaxiTrip, TaxiTripFarePrediction>(trainedModel);

    // 预测
    var prediction = predEngine.Predict(trip); return prediction.FareAmount;
}
```

这里要指出的是，用上述代码来理解 ASP.NET 和 ML.NET 库之间的交互机制是很不错的。但如果计划在生产环境中使用，还需要多考虑几个方面的问题。

事实上，在现实场景中，可能想加载模型并构建一次 ML.NET 预测引擎，并在多次调用中重用它。

3.4.4 可伸缩性的考虑

具体而言，上述代码主要有两方面的问题。一个是模型在每一个导致其执行的 HTTP 请求中都会被加载。像这样编码会显得很傻，性能会比较差，这个问题在模型特别大的时候尤其严重。最起码，训练好的模型应该被编码为一个单例（singleton）并在整个应用中共享。从技术上说，ML.NET 中的模型是 ITransformer 类型的一个实例，而且已知是线程安全的。所以，把它作为一个单例来共享是完全可以接受的。在 ASP.NET Core 中，最简单的方法是在启动时加载模型，然后通过依赖项注入进行共享。如若不然，全局变量也能很好地发挥作用。

另一个问题则更严重，它与 PredictionEngine 类型有关。如前所述，该类型封装了已经训练好的模型并调用它。获取该类型的实例非常耗时，所以不建议每次有特定的请求进来时都创建一个新实例。遗憾的是，这种类型还不是线程安全的，这意味着刚才为模型讨论的"单实例"临时解决方案无法使用。建议采用更高级的解决方案，例如使用对象池（object pooling）。好消息是，对象池的问题不需要我们自己来解决。

Microsoft.Extensions.ML 包提供了一个池对象，很容易插入启动服务集合中。

```
public void ConfigureServices(IServiceCollection services)
{
    // 其他服务放到这里
    // ...
    services.AddPredictionEnginePool<TaxiTripDescriptor, FarePrediction>();

    // 这里放更多的服务
}
```

这样一来，就可以创建一个可伸缩的预测引擎池，在输入中获取一个特定的类型，在输出中则提供另一个特定的类型。

3.4.5　设计恰当的用户界面

尽管这个示例项目很简单，但关于训练好的模型、客户应用程序和项目的整个反馈周期，这个例子还提出了一些实际的问题。

一个问题是，模型需要知道乘车距离来进行价格预测。参见 TaxiTrip 类的定义，它派生自所考虑的数据集。这是合理的，但如何围绕它来设计用户界面？是否应该要求顾客输入他们想要的乘车距离？

更现实的做法是，这个示例出租车服务的用户界面让用户输入两个地址（或者只输入一个，起点默认是用户当前位置），并使用第三方地理信息系统（GIS）来计算距离。另外，如何向用户显示预测的车费？是显示固定车费，还是显示预估范围？

如图 3.3 所示，车型、付款方式和乘客数量都是从用户界面收集的，并通过 HTTP 传递给控制器。这些值映射到特定于模型的 TaxiTrip 类的相应属性中。而距离必须根据起点和终点两个地址来动态计算（在本例中，这由 GIS 服务的 JavaScript API 完成）。Estimate 按钮将表单数据 post 到服务器端的 ASP.NET Core 应用程序，并接收估计的乘车距离、车费和所需要的时间。

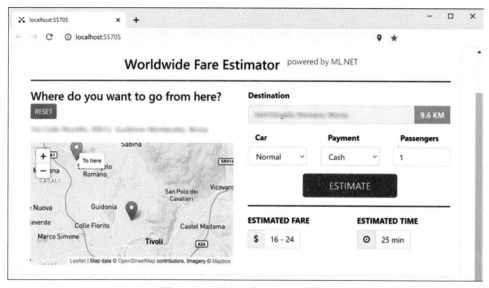

图 3.3　示例应用程序的用户界面

3.5   小结

本章涵盖机器学习项目的典型步骤。我们用 ML.NET 库来实现这些步骤，并提供了一个端到端的、完整的 .NET 示例，后者使用的是一个能正常工作的示例模型。出于演示的目的，我们是从模型开始的。但在现实世界中，应该从问题开始，并在将重心转向构建机器学习模型之前，先对它进行全面、彻底的审查。

不管采用什么语言（和库），步骤都是一样的，而数据准备是目前为止最耗时和最昂贵的。另一方面，数据准备在演示中经常被忽视，因为大多数演示都是从准备好的数据开始的。注意，在数据准备这个步骤中，坚守一种语言和平台可能并不总是上策。例如，在 Python 中，一般都倾向于使用 CSV 文件。但有的时候，普通的关系型数据库（以及一些用于填充数据库的 Java 或 C# 代码）会使其更便宜、更快速。

总之，除了数据准备，本章还主要讨论了回归问题。从下一章开始，将探讨 ML.NET 库所支持的整个机器学习任务集。

第 4 章

预测任务

> 我知道 2 加 2 等于 4，但我必须说，如果可以通过任何方式将 2 和
> 2 转换为 5，那将给我带来更大的乐趣。
>
> ——乔治·戈登·拜伦勋爵 [1]

机器学习——以及人工智能范畴下的其他一切——强调的是两个主要的应用场景：预测和分类。

预测（prediction），猜测的是数字。更准确地说，它要求识别一个数学函数，其曲线趋近于特定业务背景下面临的现在和未来的数据分布。

分类（classification），识别的是一个对象所属的类别。对象作为一个数据项并由一个值（被称为特征或 features）数组来完全代表。每个值都引用一个可测量的、在所分析的场景中有意义的属性。预测会返回连续的、可能没有界限的数字，分类则用一个离散的、类别型的集合返回值。

从浅层学习算法到复杂神经网络（以及它们的任何组合），所有机器学习技术都擅长于解决这两类一般性的问题。至于具体有多好，则取决于所解决的具体业务问题的约束和非功能要求。

每当面临一项软件任务（尤其是机器学习任务）时，要记住一点，任何技术都是一种手段而非目的。图 4.1 的灵感来自一个动画片，两人抬着一根巨长的木棒（比门还宽）想要通过一扇门。

在动画片中，两个人采用了一种蛮力的且有点盲目的方法，就是把门周围的墙打碎，足以使木棒能够横着通过。但稍微动动脑子，就会找到一个更简单的解决方案，比如稍微旋转一下木棒，让它斜着通过；或者两人一前一后抬着它通过。

---

[1] 译注：出自 1812 年写给未来拜伦夫人的一封信。拜伦（1788—1824），他的女儿阿达·洛芙莱斯是历史上第一位女程序员。

机器学习也如此，对于同样的（预测或分类）问题，一个 100 层的神经网络可能并不见得比一个简单得多的快速回归算法更可取，客观上更精确！

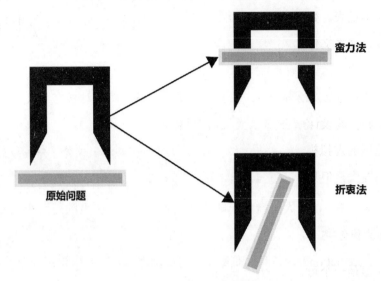

图 4.1   蛮力法和折衷法

本章通过 ML.NET 提供的浅层学习算法来体验预测场景。后续各章将讨论分类任务以及预测和分类的更多具体细节，如归类（categorization）、异常检测（anomaly detection）、推荐系统（recommendation systems）和图像分类（image classification）。

4.1   管道和评估器链

ML.NET 训练基础结构有三大支柱：数据视图、转换器和估算器。每个组件的核心能力都由一个专门的接口来描述：IDataView、ITTransformer 和 IEstimator。

4.1.1   数据视图

数据视图组件用于保证输入 / 输出、转换器以及估算器所需要的数据的访问。在数据串流和内存管理方面，数据视图组件提供了相当先进的功能。

被设计成惰性对象的数据视图不应该视为内存中的数据容器，而应该视为查看数据（以及某些时候访问数据）的一种工具。在传统数据库术语中，它更接近于视图而不是表。数据视图与数据加载器并肩工作，后者负责定义到数据物理存储（例如，文本文件、关系表和 JSON 端点）的访问路径。

值得注意的是，数据视图对象是不可变的（immutable）。如前所述，数据视图并不包含值，只限于从来源读取值时进行转换。数据视图不可变，这是 ML.NET 的关键设计，因为它可以实现并发并保证线程安全。此外，数据视图作为物理数据的虚拟视图，最大程度地减少了 I/O 操作和内存消耗。读取和写入操作仍然会发生，但只限于在需要时发生，因此频率得以显著降低。

4.1.2　转换器

转换器是一个可链式调用的对象，它将源输入数据转换为具有不同输出模式或者内容进行了修改的新数据。转换器对于特征工程和数据准备至关重要，其最终目的是将源数据集转换成适合训练的数据集。ITransformer 接口具有（但不限于）以下原生成员：

```
DataViewSchema GetOutputSchema(DataViewSchema inputSchema);
IDataView Transform(IDataView data);
```

GetOutputSchema 方法在转换完毕后返回数据的模式（schema）。输入参数引用的是数据的初始模式。例如，如果转换涉及到新增一列，那么在输入模式列出了三列的前提下，输出模式会列出四列。

Transform 方法接收数据，应用转换，并输出一个修改后的数据视图来访问数据。注意，这个方法实际上并没有对数据进行修改。它所做的只是返回数据的一个虚拟视图，该视图必须终结以提供对真实数据的访问。这里采用的编程范式与 LINQ 中的 IQueryable 对象以及 ToList 和 First 等终结器方法几乎相同。因此，该方法并不对数据进行物理编辑；相反，它要检查请求的转换是否与输入和输出模式兼容。

此外，转换器对象还提供了下面几个有趣的扩展方法：

```
DataDebuggerPreview Preview(IDataView data, int maxRows);
TransformerChain<ITransformer> Append<ITransformer>(ITransformer additional
Transformer);
```

Preview 方法仅用于调试场景，它提供对给定数据视图进行转换的预览。maxRows 参数削弱了对性能的影响，它限制视图只呈现指定数量的数据行。

Append 方法创建并返回一个新的转换器链，具体是直接将一个新的转换器附加到当前转换器（或链）之后。

4.1.3 估算器

估算器也是一个可连锁（chainable）的对象，如下所示：

```
interface IEstimator<out TTransformer> where TTransformer : ITransformer
```

上述定义中以 out 关键字为前缀的泛型类型 TTTransformer 是协变（covariant）的，这意味着既可以使用 ITransformer（如 where 子句所要求的），也可以使用其他派生关系更远的任何类型。

估算器（estimator）[2] 这一术语来自统计学。在统计学中，是指基于观测数据来计算一个已知量的估计值。一个更侧重于机器学习的估算器的定义来自 Apache Spark，后者是一个非常流行的分析引擎。估算器是一种算法，可以作用于一个数据集并生成一个转换器。反过来，转换器是一种将一个数据集转换为另一个数据集的算法。ML.NET 也采用了这些定义。

ML.NET 中的估算器公开了以下两个方法：

```
TTransformer Fit(IDataView);
SchemaShape GetOutputSchema(SchemaShape inputSchema);
```

---

[2] 译注：读者会注意到，本书的某某器或者某某程序这样的翻译，这样的表达主要和微软产品的本地化有关。例如，为了跟文档同步，transformer 会翻译为“转换器”；estimator 会翻译为“估算器”，而不是真正的统计学术语“估计量”或“推定量”。再例如，evaluator 会翻译为“评估程序”，而 trainer 会翻译为“训练器”。

GetOutputSchema 方法的工作方式与转换器的同名方法基本相同。唯一不同的是对模式进行定义的类型。估算器使用 SchemaShape 类型而非 DataViewSchema。SchemaShape 只是对输出模式的一个承诺——仅仅是一个没有严格定义类型的列的集合。这两种类型都引用一个数据模式（data schema），但 SchemaShape 提供了一个更宽松的定义。

估算器的核心是 Fit 方法，估算器用这个方法从提供的数据中学习，并最终从模型中构建出一个转换器链。有趣的是，最终的训练好的模型仍旧是一个转换器。因此，它可以将其他数据（例如测试数据）变成预测。这通常是在训练阶段结束时进行的，目的是根据已知对所应用特定训练有效的指标，对结果的质量和准确性进行评估。

4.1.4　管道

转换器和估算器组合形成一个管道（pipeline）。管道（或者说估算器链）从单一的转换器或估算器开始，其他转换器或估算器使用 Append 方法附加其后。

管道是一个不可变的对象。这意味着每次附加一个新的估算器时，实际并不会被附加到当前管道实例上。相反，会创建并返回一个新的管道对象。作为开发人员，总是需要捕捉并将这个对象存储到一个特定的变量中供进一步使用。

4.2　回归 ML 任务

在浅层学习场景中（相对于神经网络占主导地位的深度学习场景），预测任务（例如预测商品或服务价格）是通过回归算法来解决的。

注意，回归并不是指一个进行了良好定义的算法，而是对一类不同算法的总称。ML.NET 为其中一些算法提供本地实现，都归到机器学习任务（ML 任务）这个概念下。

4.2.1 ML 任务的常规方面

为了实现 ML 任务，需要将常见的机器学习用例归入一个通用（和熟悉）的编程模式中。

无论是数据科学家、数据工程师还是 ML 软件开发人员，只要是用 ML.NET 原生浅层学习算法为一个业务问题构建训练好的模型，首先都必须从可用任务中选择一个适合具体场景的。其次，从可用的算法中挑出一个最好的算法来训练模型。"最好"并不是绝对的。如果没有训练和生产过程中获得的数字和误差，将很难通过纸上推理来确定。

表 4.1 再现了第 2 章展示过的表格，其中列出了 ML.NET 支持的 ML 任务。第一步是将业务问题（即预测一些商品或服务的价格）一一映射到表中列出的任务。

表 4.1　ML.NET 任务

任务	说明
AnomalyDetection（异常检测）	检测与接受的训练相比，意外或不寻常的事件或行为
BinaryClassification（二分类）	将数据分为两类中的一类
Clustering（聚类）	在将数据分为若干可能相关的组，同时不知道哪些方面可能会使数据项发生关联
Forecasting（预测）	解决预测问题
MulticlassClassification（多分类）	将数据分为三类或更多类别
Ranking（排名）	解决排名问题
Regression（回归）	预测一个数据项的值

考虑到本章的目的，下面将着重探讨"回归"任务。

4.2.2　支持的回归算法

回归任务主要由三部分组成：一个训练算法的列表（Trainers 属性）、根据配置好的误差函数对训练结果进行打分的一个评估程序（Evaluate 方法）以及一个交叉验证工具（CrossValidate 方法）。

可用的训练器

ML.NET 库的核心实现为回归任务提供了一些算法。除此之外，还可以通过额外的 NuGet 包获取更多算法。总的来说，至少能用表 4.2 列出的算法来训练一个回归模型。

表 4.2　ML.NET 支持的回归算法

算法	方法	额外的包
FastForestRegressionTrainer	基于随机森林算法	Microsoft.ML.FastTree
FastTreeRegressionTrainer	基于 MART 梯度提升（一种集成学习方法）	Microsoft.ML.FastTree
FastTreeTweedieTrainer	基于 Tweedie 复合泊松模型	Microsoft.ML.FastTree
GamRegressionTrainer	使用浅层梯度提升树的广义加性模型（GAM）	Microsoft.ML.FastTree
LbfgsPoissonRegressionTrainer	基于泊松回归方法	无
LightGbmRegressionTrainer	基于 LightGBM，它是梯度提升决策树的开源实现	Microsoft.ML.LightGbm
OlsTrainer	基于普通最小二乘法（OLS）的回归方法	Microsoft.ML.Mkl.Components
OnlineGradientDescentTrainer	基于标准的、非批量的、随机的梯度下降法[②]	无
SdcaRegressionTrainer	基于随机双坐标上升（SDCA）法	无

简而言之，一个可以被表述为回归问题的业务问题可以通过多种不同的方法来解决。表 4.2 列出了梯度下降、泊松回归、双坐标上升和决策树、随机森林和集成方法等。

在某种程度上，每种方法都可进一步被认为是具体算法的基类，这些算法的基础通常是学术论文和高级研究。从一个 ML 开发人员的角度来看，所有这些方法都是从回归 ML（Regression ML）任务目录中调用的。诚然，为特定的问题和可用的数据选择最合适的方法，这往往超出了码农的能力。这个时候，数据科学技能就可以开始发挥作用了。

---

③ 译注：采用这种算法，学习是实时的、流式的，每次训练时并不使用全部样本，而是以之前训练好的模型为基础，每来一个样本就更新一次模型。相反，批量（或离线）学习强调的是每次训练都使用全部样本，因此可能面临数据量过大的问题。

配置训练器

如果决定采用在线梯度下降法（Online Gradient Descent），需要在 ML.NET 训练应用程序中写以下代码：

```
var trainer = mlContext
    .Regression
    .Trainers
    .OnlineGradientDescent("Label", "Features", lossFunction: new SquaredLoss());
```

在 ML.NET 中，训练算法获取下面两种类型的参数。

- 用于控制内部行为的选项。
- 更多的基础参数，如标签列名称、特征列名称以及用于确定何时获得足够好的结果 (进而可以停止训练) 的误差函数。

可以通过 OnlineGradientDescentTrainer.Options 类的实例传递一些选项。具体地说，在线梯度下降训练算法接受以下额外的调优参数。

- 是否对最近的更新赋予更多的相关性。
- 训练数据集的遍历次数。
- 是否在每次训练迭代中打乱数据 (学习速度)。这是在每次迭代中向误差函数的最小值移动时的步长 (step size)。

标签列引用了训练数据集中的一个列的名称，该列包含算法必须逼近的已知答案。在 ML.NET 中，包含答案的实际数据集列通常与命名为 Label 或其他所选名称的一个新列重复。对于训练数据集中的每一行，误差函数（上例是 SquaredLoss 函数）获取计算好的值，并把它与该行 Label 列中的值进行比较。然后，根据所选误差函数的特征（例如，平均值、最大值、最小值和总和），将每个数据行的误差合并。

最后，特征列 Features 代表 ML.NET 库的一个特殊设计。所有为 ML.NET 设计的算法都想要找到所有待处理的数值（通常称为特征），这些数值表现为数值向量（数组）的形式。这就需要一个额外的列将所有特征值连接起来。这个额外列的名称默认为 Features。这一列不是手动创建的，而是 ML.NET 要求的一项服务。

准备训练数据集

需要对数据集初步做一些工作，以确保算法能够找到标签和特征列。在 ML.NET 中，这是通过配置一个数据处理管道来完成的。以下代码展示了如何复制和重命名一个现有的列，以及如何生成一个新的计算列，后者合并了数据集中的多个单独列的值。

```
var pipeline = mlContext.Transforms
    .CopyColumns("Label", nameof(TaxiTripDescriptor.FareAmount))
    .Append(mlContext.Transforms.Concatenate("Features",
            "RateCodeEncoded",
            "PaymentTypeEncoded",
            "PassengerCount",
            "TripTime",
            "TripDistance"));
```

ML 上下文中的 Transforms 对象提供了复制和连接列的特殊方法。在上述代码中，"RateCodeEncoded" 和 "TripDistance" 这样的字符串是指数据集中可用于训练的列，也就是这些列的标签。

注意，一般来说，没有必要因为机器学习处理的目的而将多个列连接成一个。这是 ML.NET 内部训练引擎的设计选项之一。

4.2.3　支持的校验技术

机器学习模型的质量取决于它在预测（或分类）之前未见过的数据时表现如何。这里的挑战在于，可能要在一个样本数据集上训练模型，有时甚至不是一个特别大的、均衡的、有高度代表性的样本。

人们已经开发了不少技术来帮助我们更好、更熟练地使用训练数据集并随后把握好模型投入生产后可以开发的精度。

交叉验证是用于估计机器学习训练模型性能的主流技术。

留出法交叉验证

交叉验证有两种形式：留出法（holdout）和 k 折法（k-fold）。留出法安排起来相当简单。它主要将源数据集分成两部分：大约三分之二用于训练，其余部分（大约三分之一）用于测试目的。

如果不结合使用其他技术，留出法主要会有两个缺点：一个是只有可用数据的一个子集用于训练和测试模型；更糟的是，该数据集甚至可能不够大。因此，最好是多次应用留出法。

这正是 k 折法交叉验证技术的精华。

k 折法交叉验证

在 k 折技术中，训练数据集被划分为 k 个子集，并在每个子集上应用留出（holdout）验证。最后，k 折会重复 k 次留出交叉验证，每次都使用 k 个子集中的一个作为测试数据集，其余 k-1 个子集作为训练数据。

k 折技术有多方面的好处。首先，只要算法能很好地适应问题，就不会有欠拟合（underfitting）的风险。一般来说，拟合（或拟合度）指的是算法实际学到的技能，表明它在完成工作方面有多好。因此，欠拟合描述的是算法在预测方面不是特别好的情况。

使用 k 折技术后，欠拟合的风险会很低，因为模型最终是在所有可用的数据上训练的。同样的道理，模型的方差也是最小的，因为整个数据集都被用来测试模型。

在机器学习中，方差（variance）是指模型与平均值的偏差。由于模型是在整个数据集上训练和测试的，所以方差可以降至所选算法之于问题的最低水平。

此外，即使数据集中都是高比例的离群值（其值明显有别于其他行的平均值的数据行，也称为"外点"或"噪点"），k 折技术也具有一定的优势。因为该技术的性质，离群值在所有"折"中平均分配，噪点在训练和测试数据中平均分配。

对于 k 值的设置，虽然没有严格的规则，但 5 和 10 是很常用的。

图 4.2 提供了一个 k 折技术的直观表示，其中 k 等于 5。

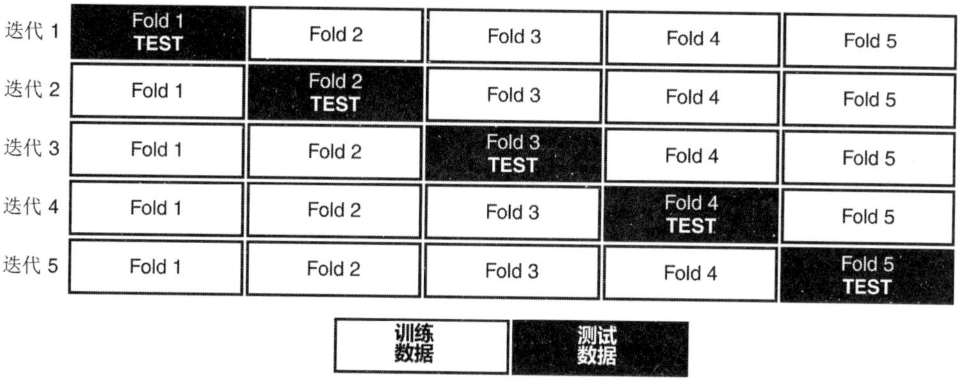

图 4.2　k 折交叉验证

正则化

很明显，训练好的模型不应该对样本数据集欠拟合（underfitting）。但与此同时，我们也不希望它对样本模型过拟合（overfitting）。所谓过拟合，是指模型与训练数据过于接近的情况。因此，它不一定能准确处理它之前从未见过的数据。

正则化（regularization）是一种检测过拟合的优秀技术——当训练好的模型在样本数据上表现出色时，会让人怀疑它在其他类似的数据上不会太精确。

正则化在训练阶段介入，当结果不能令人信服时，团队就会倾向于向模型添加更多的特征，寄希望于能取得更好的结果。在这种情况下，模型过于接近源数据集的风险是切实存在的。

正则化的工作方式是简单地对添加到数据集的每个新特征（列）添加一个惩罚项（penalty）。当然，添加惩罚项会增大误差，所以只应添加能带来内在价值、同时减少误差的特征。

正则化能有效防止模型变得无谓地复杂。

排列特征重要性

为了评估训练好模型的技能，需要考虑的另一个方面是哪些特征对最终结果（不管是预测还是分类）的影响最大。这个概念称为"特征重要性"（feature importance）。

从技术上说，排列特征重要性（permutation feature importance）被定义为单一特征值随机打乱时模型得分的下降。这个概念相当直观：如果打乱一列的值，同时仍然得到一个类似的分数，就意味着该行为特征在模型的内部经济中并不是特别重要。从这个角度说，一个低重要性的特征可以毫无顾虑地删除。但是，应该这样做吗？

注意，这里的"重要性"是指该特征在该模型中扮演的角色。一旦切换到另一种算法，所有重要性数字都会被取消，失去所有的相关性。换言之，排列特征重要性并不反映一个特征的内在预测价值。相反，它只是反映该特征之于一个特定模型的重要性。

4.3 使用回归任务

许多人天真地以为人工智就是对未来事件做出神奇的预测。遗憾的是，人工智能并不是魔法。人工智能仍然能够做出可靠的预测，但预测能力并非来自于超能力。简单地说，它是一些统计技术的结果，尤其是回归分析。

就其核心而言，回归测量的是一个输出变量和一系列输入变量之间的数字关系集的强度。一个回归算法试图通过处理样本数据和预期结果来发现这种关系。回归算法的直接效果是根据一些输入数据计算一个（或多个）输出值。回归是一种监督机器学习技术（意味着需要在训练期间提供准确的答案），并且可以预测一个连续值（不同于分类算法典型的离散、类别型的值）。

让我们看看如何使用回归 ML 任务来解决一个具体的预测问题。该问题与第3 章的问题一样：预测在特定城市乘坐出租车的费用。稍后会更详细地探讨训练管道。

4.3.1 可用的训练数据

为了预测打车费用，需要检查目标地区过去的大量打车数据。至少可以通过以下特征来描述每次打车的数据：

- 支付的车费
- 距离
- 上下车地址
- 公司
- 一天中的时间
- 周几
- 总体路况
- 支付方式
- 乘客数量
- 行李数量

就这样，一个合理的数据集由一个记录列表构成，其中包括上述所有的列。多少记录为最好呢？我们会说，越多越好。一个可接受的数量级是几百万条记录。但要注意，并不是说数据越多结果就越好。

你拥有的数据和希望拥有的数据

前面的特征列表是通过纯粹的推理和业务分析确定的，它不过是一个愿望清单。安排回归时，实际的特征列表来自公司的后端系统，该系统跟踪（或聚合）乘车、车型和付款。

我们从 ML.NET 网站借来的样本数据集包含 7 个特征（也通过本书配套代码进行了分享）。该样本数据集以 CSV 文本文件的形式提供，如图 4.3 所示。

```
taxi-fare-train.csv
vendor_id,rate_code,passenger_count,trip_time_in_secs,trip_distance,payment_type,fare_amount
CMT,1,1,1271,3.8,CRD,17.5
CMT,1,1,474,1.5,CRD,8
CMT,1,1,637,1.4,CRD,8.5
CMT,1,1,181,0.6,CSH,4.5
CMT,1,1,661,1.1,CRD,8.5
CMT,1,1,935,9.6,CSH,27.5
CMT,1,1,869,2.3,CRD,11.5
CMT,1,1,454,1.4,CRD,7.5
CMT,1,1,366,1.5,CSH,7.5
CMT,1,1,252,0.6,CSH,5
CMT,1,1,314,1.2,CRD,6
CMT,1,1,480,0.7,CRD,7
CMT,1,1,386,1.3,CRD,7
CMT,1,2,351,0.8,CSH,5.5
CMT,1,1,407,1.1,CSH,7
CMT,1,2,970,5.6,CSH,19
```

图 4.3　在 Visual Studio 中打开带有训练数据的 CSV 文件

虽然这样的数据集可以用来做一些预测，但在精确性和准确性方面却让人一言难尽。将图 4.3 中的列和前面给出的列表进行比较，会发现其中缺少一些相关的信息：上下车地址、在一天中的什么时间和星期几乘车、路况和行李数量。这使我们有理由对来自后端系统的原始数据做一些数据工程方面的工作。

增强数据集

像行李数量和乘车时间这样的信息也许能从后端系统的某个地方以合理的方式取得。这样就能获得一个更大的数据集。如果不行，可以从支付记录中找出乘车时间，假设支付时间与乘车结束时间差不多。知道打车时长之后，就很容易计算出乘车时间（什么时间开始打车）。

如果系统没有自带数据追踪，就很难获得上下车地址信息。然而，路况可以从一些免费或付费服务中读取并纳入训练数据集。

数据科学家和 / 或数据工程师负责提取 / 转换 / 加载（Extract/Transform/Load，ETL）管道，其中包括以下任务：

- 从原始后端系统导出数据
- 添加计算列
- 集成外部数据 (即路况)

在 ML.NET 中加载数据集

训练应用程序的第一步是将训练和测试数据集加载到一个新的 ML 上下文中。以其最简单而有效的形式，训练用的 ML.NET 应用程序是一个控制台程序。第一个指令看起来像下面这样：

```
//ML 操作的主容器
var mlContext = new MLContext();

// 加载待训练的数据
IDataView dataForTraining = mlContext.Data
    .LoadFromTextFile<TaxiTripDescriptor>(_trainDataPath, hasHeader: true,
separatorChar: ',');
```

```
// 加载待测试模型的数据
IDataView dataForTesting = mlContext.Data
    .LoadFromTextFile<TaxiTripDescriptor>(_testDataPath, hasHeader: true,
separatorChar: ',');
```

TaxiTripDescriptor 类描述训练记录的结构，也就是 CSV 文件中的各列。

```
public class TaxiTripDescriptor
{
    public string VendorId;
    public string RateCode;
    public float PassengerCount;
    public float TripTime;
    public float TripDistance;
    public string PaymentType;
    public float FareAmount;
}
```

为了简化 C# 属性与源 CSV 文件中的各列之间的绑定，可以设置恰当的 LoadColumn 特性。任何用该特性（attribute）修饰的属性（property）都会接收指定序号位置的 CSV 列的内容作为值，如下所示：

```
[LoadColumn(4)]
public float TripDistance;
```

从单个静态文件加载数据是一个基本的场景。但更有可能的是，有多个文件需要处理，或者整个文件夹由一些后台任务动态填充并集成到某个 MLOps 上下文中。

ML.NET 提供了一系列专门的数据加载器来处理多个文件、文件夹和数据库的情况。

支持的数据源

一般来说，ML.NET 被设计成允许从多种数据源访问数据，如多个文本文件、数据库、JSON、XML 甚至是驻留于内存的集合。无论数据源是什么，ML.NET 中的数据总是通过一个 IDataView 对象来呈现——一个特制的前端，专门用来处理可能非常大的表格（扁平）数据集。

每个数据集都与一个模式与之关联。在 ML.NET 中，只要模式一样，就可以从同一或多个文件夹中的多个文件加载数据行。下面这行代码展示了如何从 dataset 文件夹加载全部文本文件：

```
IDataView data = mlContext.Data
    .LoadFromTextFile<TaxiTripDescriptor>("dataset/*", hasHeader: true,
separatorChar: ',');
```

要从多个文件夹加载文本文件，则需要多一点代码。在这种情况下，首先要创建一个文本加载器组件，然后让它从多个地方加载内容：

```
TextLoader = mlContext.Data
    .CreateTextLoader<TaxiTripDescriptor>(hasHeader: true, separatorChar: ',');
IDataView data = textLoader
    .Load("dataset/week01/data.csv", "dataset/week02/data.csv",
        "dataset/week03/data.csv");
```

类似地，可以访问存储在大量关系型数据库中的数据。ML.NET 支持在 .NET System.Data 命名空间提供驱动的所有数据库。这个清单还会随着时间的推移继续扩充，其中至少包括 SQL Server、Azure SQL Database、Oracle、SQLite、PostgreSQL、Progress 和 IBM DB2。

从编程的角度来看，首先创建一个数据库加载器（DatabaseLoader）对象，如下所示。

```
DatabaseLoader loader = mlContext.Data.CreateDatabaseLoader<TaxiTripDescriptor>();
```

接着设置一个数据库源（DatabaseSource）并加载数据：

```
var source = new DatabaseSource(SqlClientFactory.Instance, connectionString,
sqlCommand);
IDataView data = loader.Load(source);
```

除了连接字符串和查询数据的命令，还需要传递对一个工厂的引用，它用于创建必要的 DbConnection 对象。对 SQL Server 数据库来说，就是 SqlClientFactory 对象。

从其他常见来源（如 JSON 和 XML 文件）加载数据时，则必须通过驻留在内存中的集合进行，如下所示：

```
var list = LoadJsonOrXml(...);
IDataView data = mlContext.Data.LoadFromEnumerable<TaxiTripDescriptor>(list);
```

背后的思路在于，为 JSON 或 XML 文件或端点写一个加载器，将内容转换为指定类型的实例列表。

4.3.2　特征工程

机器学习算法只能处理数字，而训练数据却往往包含一些文本字段。例如，在样本数据集中，有几列是由文本构成的：厂商 ID 和付款方式。这些值必须转换为数字。

假设添加一个街道地址的引用来丰富数据集。在这种情况下，引用也必须转换为数字，不管是通过识别邮政编码，还是识别经纬度。如果找到收集路况信息的方法，还应该考虑如何将其呈现为一个规范化的值，这是通常 0 到 1 区间的一个值。

进行训练之前，通常必须将所有文本列中的值转换为数字。但不管怎么转换，都不能改变单个数值的分布和相关性。

对所选数据集进行的整套转换称为"特征工程"（feature engineering）。

初步物理操作

进行数据转换之前，有时可能想对数据集做一些初步的操作，其中最常见的是识别和去除（或规范化）离群值。

将具有 N 个特征的数据行设想为 N 维空间中的一个点，离群值（离群点、外点、噪点）是指距离其他点太远的一个点。换言之，一个离群的数据行是指一个明显偏离其他行的跟踪记录（tracked record）。

前面的定义所涉及的任何量化指标都要达成共识。什么是"其他行"？距离是多少？可容忍的最大距离是多少？去除（或规范化）离群值是降低最终模型中方差的常用技术，如图 4.4 所示。

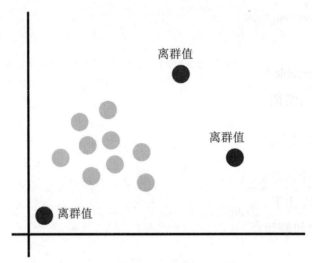

图 4.4　离群值

在 ML.NET 中，移除离群值不要放到数据转换步骤中进行，因为移除离群值是对加载好的数据集进行直接更改。相反，数据转换针对的是实际打算处理的整个行集合。以下代码从打车数据集中删除了所有高于 150 美元和低于 1 美元的交易：

```
// 删除车费高于 $150 和低于 $1 的离群值
private static IDataView RemoveOutliers(MLContext context, IDataView data)
{
    var modifiedDataView = context.Data.FilterRowsByColumn(data, "FareAmount",
1, 150);
    return modifiedDataView;
}
```

从概念上讲，删除（更常规的是增加）数据行是在执行任何转换管道之前的一个可选的操作。

构建转换管道

在 ML.NET 中，特征工程的输出是数据转换管道（data transformation pipeline），描述的是管道实际运行时将发生的动作序列，是对后期进行发生数据转换的一个承诺。

如果熟悉 .NET 和 LINQ，在这里会意识到 IQueryable 树和相关的执行器方法（如 ToList 和 First）与 ML.NET 管道之间在概念上的相似性。构建管道就像构建一棵 IQueryable 树。

哪些操作与特征工程相吻合呢？

规范化和特征化

有相当多不同类型的操作，其中大部分都可应用于整个 ML 任务集。特征工程方法通过 ML 上下文中的 Transforms 目录对象（catalog object）来公开。

- **添加和删除列**　TransformExtensionsCatalog 的 CopyColumns 方法将一个现有的列复制到一个具有给定名称的新列。相反，DropColumns 方法从数据集中删除列。

- **规范化**　添加由规范化的数值构成的一列。规范化使用多种技术将列中的所有值拟合到一个共同的区间，通常是 0 到 1 的区间。值的原始分布予以保留。规范化的目标是提高所选择的训练算法的准确率。MinMax 规范化的操作是在每一列中找到最小值和最大值，并将最小值设置为 0，将最大值设置为 1；其他所有值都在两者之间进行缩放。另一种规范化是 MeanVariance，它首先减去列值的平均值，然后除以方差。有一种变化形式是 LogMeanVariance，它对列值的对数进行操作。

- **分箱 (binning)**　将一个数据列的实际值划分为若干个参考值 (bins，箱或桶)。它的工作原理是将给定范围内的所有值规范化为一个固定的、共同的数值。典型的例子是年龄，如 0~18 岁为 1，19~25 岁为 2，等等。

- **缺失值**　任何输入数据集都可能在这里或那里有一个缺失值。这个特征工程步骤的目的是以某种算法的方式来填补这些空白。在 ML.NET 中，原生的缺失值估算器只对数值列起作用，支持用该类型的默认值 (数字为 0) 或该列的平均值来替换缺失值。还存在其他选择，但它们都需要专门的估算器或者需要对数据集执行一些初步的批处理。

前面所提到的规范化器都是作用于数值数据的。但是，类别型数据（categorical data）在数据集中也相当常见。在机器学习中，类别型数据是指由固定值构成的一个枚举，很像 C# 和其他高级编程语言中的枚举类型。例如，性别就是一种类别型的值。若涉及由类别型的值构成的列，可以考虑其他规范化技术。

- **键值映射** 出于训练的目的，将一列中的字符串值映射为唯一的整数值。例如，CRD 映射为 1，CASH 映射为 2(前者代表刷卡，后者代表付现金)。

- **独热编码或称一位有效编码 (One hot encoding)**[④] 这种技术将一列中可能的值中的每个不同的值都映射为一个数字，其二进制形式通过位于不同位置的单个 1 来区分每个不同的值。这类似于在 C# 中定义一个枚举类型，其值是 2 的幂。例如，对于 1，2 和 4 这三个不同的值，其二进制形式分别是 001、010 和 100。如果值不存在隐含的排序，独热编码通常是理想的选择。

- **散列** 散列 (哈希) 技术将类别型的值 (包括字符串) 浓缩为一个固定大小的数字。ML.NET 提供了一个规范化器来处理字符串、数字和日期。

文本的转换是另一个完全不同的领域。以后在讨论情感分析时，会更深入地研究这个系列的规范化器，它是建立在文本基础上的分类问题的一个特殊分支。

4.3.3 访问数据库内容

在 ML.NET 中，实际的数据访问是通过实现 IDataView 接口的方法来进行的。该接口从一开始就以尽可能高效地处理大数据集（无论其宽度还是深度）为目标来设计。所有 ML.NET 训练算法都通过该接口的方法来消耗数据。IDataView 对象可以包含数字、文本、Boolean、向量等。

---

④ 译注：One hot encoding，也称为 dummy 变量，是一种将分类变量转换为若干二进制列的方法。

> **重要提示**　IDataView 接口在设计时已经考虑到了游标和延迟访问的问题，但没有直接解决更复杂的问题，其中包括分布式数据和分布式计算。它适合对属于较大的分布式数据集的数据分区进行单节点处理。换言之，如果数据集已经分好区，并进行了分布，那么每个数据的聚集都适合通过 IDataView 来处理，但这个接口并不能自主和自动地分割与分布你的数据。

使用数据视图

IDataView 子系统包含不同类型的软件组件来构建数据处理管道。最相关的是之前提到的加载器和转换器（例如，规范化和特征化组件）。

虽然 IDataView 子系统对 ML.NET 的内部运作至关重要，但作为开发人员，和它的接触非常有限。首先，要定义必要的数据加载器并获得一个数据视图引用：

```
var dataViewTraining = mlContext.Data.LoadFromTextFile<TaxiTripDescriptor>
    (_trainDataPath);
```

然后，可以选择将数据视图的引用传给任何可能实际删除或增加行的方法。这样，就会获得一个修改过的数据视图。注意，数据视图引用并不带着实际的数据跑来跑去。和经典的数据库表相比，数据视图不过是一个虚拟的数据容器，很像是数据库视图。只有表才在物理意义上包含行中的值，（数据）视图不过是根据需要计算值而已，它并不实际拥有任何值。

下一行代码的作用是修改视图背后的逻辑行动树，这样在被要求对数据进行具体化时，数据视图会过滤掉任何看起来像是离群值的数据行：

```
// 修改视图，添加命令，在实际读取数据时过滤离群值
dataViewTraining = RemoveOutliers(mlContext, dataViewTraining);
```

第三，你通过添加数据转换来进一步修改数据视图处理管道。下面这个很好的例子针对的是打车费用预测场景：

```
var pipeline = mlContext.Transforms.CopyColumns("Label", "TripTime")
    .Append(context.Transforms.Categorical.OneHotEncoding("IdEncoded", "VendorId"))
    .Append(context.Transforms.Categorical.OneHotEncoding("RateEncoded", "RateCode"))
     .Append(context.Transforms.Categorical.OneHotEncoding("PaymentEncoded",
"PaymentType"))
    .Append(context.Transforms.NormalizeMeanVariance("PassengerCount"))
    .Append(context.Transforms.NormalizeMeanVariance("TripDistance"))
    .Append(context.Transforms.Concatenate("Features",
    "IdEncoded", "RateEncoded", "PaymentEncoded", "PassengerCount",
    "TripDistance"));
```

转换结束后，训练算法可用的数据由原始列和一些新列组成，其中包括 Label 和 Features 列。另外，每个列出的规范化器都增加了一个新列（名称以 Encoded 为后缀）。Features 列包含一个数值向量，由列出的列的行值组成。

管道对象现在完整定义了原始数据将经历的一系列操作，它们将为我们稍后选择的训练算法提供数据。

处理非常大的数据集

进行浅层机器学习时，你可能会遇到的一个主要问题是，当要处理的数据集特别大时（以 GB 为单位），Python 可能出现内存不足的情况。

ML.NET 团队意识到了这种纯粹的内存短缺，所以设计了数据视图子系统来有效地处理高维数据和包含许多列和许多行的大型数据集。

数据视图可通过两种不同的方式使用。可以像经典的驻留于内存中的集合对象那样加载并枚举数据。但是，也可以采用与数据库游标和 ADO.NET 数据读取器概念相似的"游标"机制，对来自原始数据源的数据进行流式处理（streaming，也称为"串流"）。对数据进行流式处理是大多数算法在训练期间所做的事情。

这个原生的功能使 ML.NET 训练应用程序能够轻松处理巨大的数据集，这些数据集远远超过 GB 级，甚至达到了 TB 级。

4.3.4　合成训练管道

数据处理管道是将数据带入训练算法的逻辑容器。然而，对算法的选择是最麻烦的。如果缺乏机器学习的经验，也没有掌握多少统计学的理论知识，那么为某个业务问题选择训练算法就像在黑暗中摸索，即使已经确定了问题的类别。

确定训练算法

ML.NET 中的 ML 任务组件在选择一些可能适合回归、二分类、排名或图像检测问题的算法方面做了很好的初步工作。但是，这并不是一个确定性的分析。你可能决定尝试神经网络或者一种"支持向量机"（Support Vector Machine，SVM）算法，后者是目前最复杂的一类浅层学习算法。ML.NET 带有一个集成的 Visual Studio 工具，称为 Model Builder（模型生成器），可以帮助你从 ML.NET 框架支持的算法中选择一个，如图 4-5 所示。

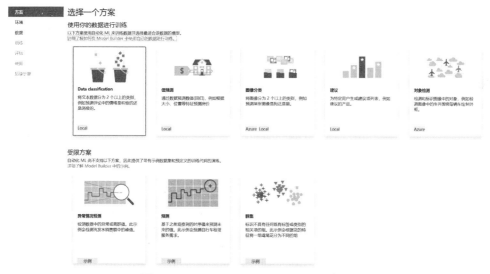

图 4.5　Visual Studio Model Builder 主页

模型生成器是一种有价值的尝试，它可以指导数据科学技能有限的开发者选择一种有效的算法来尝试给定的场景（Visual Studio 界面中翻译为"方案"），无论是值预测、文本或图像分类，还是建议。

简单地说，对算法的选择介于实现和架构之间。一旦问题的类别得到正确识别，它甚至可以被看成是一个实现细节。与此同时，算法的选择相当于一个架构上的日后难以更改的决定，因为如果最终的结果一旦在生产环境中被证明很差，就必须对部署解决方案的相关子系统进行修正。

拟合模型

假设我们已经以某种方式确定了要开始的训练算法，并假设想使用 SDCA 训练器来解决预测打车费用的问题，编码如下：

```
// 获取训练器引用
var trainer = mlContext
    .Regression
    .Trainers
    .Sdca("Label", "Features", lossFunction: new SquaredLoss());

// 将训练器附加到数据处理管道，得到一个修改后的管道
var trainingPipeline = pipeline.Append(trainer);

// 训练拟合数据集的模型
var model = trainingPipeline.Fit(trainingDataView);
```

首先，我们获得一个对算法的已配置实例的引用，即 trainer 变量。然后，训练器被附加到数据处理管道，并生成一个修改过的管道，它知道如何准备数据并对其运行算法。最后，Fit 方法获取指向样本数据集的数据视图，并通过训练器运行它。Fit 方法的输出是训练好的模型，必须序列化以供客户端应用程序使用。

模型的损失函数

现在回到训练器的配置。如前所述，Sdca 方法接收 Label 和 Features。其中，scoring column 包含要和计算值进行比较的预期的输出。也就是说，Label 列包含基于给定输入值的实际支付车费，这些给定的输入值包括乘客人数、出租车公司、费率等。

模型的得分（它在预测值方面的表现如何）是通过一个误差函数来衡量的。这就是损失函数（loss function），即传给 Sdca 方法的第三个参数。误差函数测量算法在所提供的特征上计算出的实际值与 Label 列中设定的预期值之间的距离。

每种算法（更一般地说，每一类机器学习问题）都有自己首选的损失函数集。从中挑出最合适的也需要数据科学的技能。特别是，传递给 Sdca 的 SquaredLoss 函数使用差异数值的平方来衡量计算值和预期值之间的距离。

误差（或损失）函数作为一个控制器工作，它决定着算法在处理一个给定的输入特征集时何时达到可接受的精度。

模型的验证

前面展示的问题预测代码使用了一种基本的留出（holdout）方法，其中训练和测试数据集作为不同的实体提供。之前，我们一直在用一个应用程序生成训练好的模型。同一个应用程序还要负责对模型运行一些自动化测试，对其固有的质量进行打分。简单地说，我们要验证在样本数据集上训练出来的一个模型在不同测试数据上也能表现得足够好。以下代码在测试数据视图上运行训练好的模型，并评估其结果：

```
IDataView predictions = trainedModel.Transform(testDataView);
```

Transform 方法验证用于测试模型的数据视图的模式。它确保模型模式（model schema）和数据模式（data schema）之间的兼容性。该方法被设计成延迟方法（也称为懒方法），除了检查数据的模式外，不执行任何实际操作。返回的数据视图必须传给 ML 回归任务的 Evaluate 方法，才能返回一些特定于任务的指标，如下所示：

```
var metrics = mlContext.Regression
    .Evaluate(predictions, labelColumnName: "Label", scoreColumnName: "Score");
```

除了测试数据之外，还要告诉 Evaluate 方法哪列是真值来源，哪列用于填充分数。该方法返回一个 RegressionMetrics 对象。该对象包含 5 个指标，表 4.3 对它们进行了总结。

表 4.3   回归指标属性

指标	属性	说明
损失函数	LossFunction	获取用户自定义损失函数的结果。在我们的例子中，这是 SquaredLoss 类的一个实例
R2 分数	RSquared	获取模型的 R 平方（R-squared）值。在统计学中，R 平方值也称为模型的决定系数，是模型计算出的值与目标值的平均值的比率。就我们的情况来说，这个值是实际支付的车费。该指标的值最好接近 1。然而，接近 1 并不足以保证高质量，但接近于 0 则是一个明显的指标，说明有些东西不对
绝对损失	MeanAbsoluteError	获取模型的绝对损失。绝对损失被定义为绝对误差（计算值和目标值之间的差值）之和的平均值
平方损失	MeanSquaredError	获取模型的平方损失，定义为误差（计算值和目标值之间的差值）平方之和的平均值
RMS 损失	RootMeanSquaredError	获取均方根损失，即 MeanSquaredError 的平方根

没有任何指标能够以不变应万变，但专家能从所有指标获得一些启示。所有指标都存在一些明确的可接受范围，但期望所有数字都接近其理想阈值是不现实的。例如，RSquared 值通常被期望接近 1，但任何接近 1 的值都是好的吗？对这个问题的判断往往超出了 ML.NET 开发人员的能力。这和体检时进行查血，并试图对身体的总体健康状况做出判断没有太大区别。虽然能轻松检查出是否所有值都在可接受的范围内，但还是要去问医生的意见，让专业人士对自己的健康做出评估。

模型的交叉验证

如前所述，用留出法来选择、训练和测试数据可能并不总是很现实。某些情况下，就只是有一个相对较小的数据集用于训练和测试。在这种情况下，交叉验证是一种有效的技术。在 ML.NET 中，使用交叉验证来选择训练和测试数据需要写一些稍微不同的代码。

例如，我们有理由尝试一种不同的算法：在线梯度下降。以下代码设置对训练器的引用：

```
var trainer = mlContext
    .Regression
```

```
.Trainers
.OnlineGradientDescent("Label", "Features", lossFunction: new SquaredLoss());
```

前面的例子用同一个管道同时进行数据准备和模型训练。代码获取数据处理管道，添加选定的训练器，然后运行 Fit 方法来得到一个训练好的模型。单一管道只是多种方案中的一种，它也许是预测场景中使用的最简单的方案。

但考虑到内容的完整性，下面还是演示一下如何为数据处理和模型训练使用独立的管道。独立管道的好处之一是更容易检查学到的模型参数。以下代码的意图是进行数据准备：

```
// 获取一个拟合所提供的数据（即数据集中规范化好的列）的转换器。
ITransformer dataPrepTransformer = dataProcessPipeline.Fit(trainingDataView);

// 转换准备好训练的数据
IDataView transformedData = dataPrepTransformer.Transform(data);
```

第一步是准备转换器，使其针对给定的数据模式进行操作；第二步是使得修改后的数据视图准备好让训练算法来处理。将准备转换器和训练管道独立出来之后，这个修改过的数据视图就是一个可见的效果。

为了将数据视图划分成训练数据集和验证数据集并将所有数据同时用于训练和测试（训练的交叉验证法），这里没有用 Fit 方法，而是用 CrossValidate 方法：

```
// 这里的训练器是上面引用的 OnlineGradientDescent 类
var results = mlContext
    .Regression
    .CrossValidate(transformedData, trainer, numberOfFolds: 5);
```

提供的数据被分成 5 折，这些折互换，用于训练和测试。因此，整个数据集被用来在 5 轮迭代中进行训练和测试。方法的返回值是一个对象，其中包含 5 个训练好的模型及其相关的回归指标，每次迭代一个。

results 变量是一个集合，所以它可以使用 LINQ 来进行处理，以达到可能的任何目的。例如，为了根据 RSquared 指标挑选出最佳模型（和相关指标），可以这样写代码：

```
var listOfModels = results
    .OrderByDescending(fold => fold.Metrics.RSquared)
```

```
    .Select(fold => fold.Model)
    .ToArray();
var listOfMetrics = results
    .OrderByDescending(fold => fold.Metrics.RSquared)
    .Select(fold => fold.Metrics)
    .ToArray();

// 获取最佳模型和相关指标
ITransformer trainedModel = listOfModels[0]; RegressionMetrics metrics =
listOfMetrics[0];
```

　　不用说，可以为模型和指标安排任何形式的自动分析，也可以直接打印出来，让一些数据科学专家来得出结论。

> **注意**　一个管道总是一个估算器链（chain of estimators），即使它只由数据转换器构成，就像之前代码中的 dataPrepTransformer 那样。因为管道总是一个估算器链，所以可以在数据集上拟合它，以获得训练好的转换器。那么，什么时候需要它呢？例如，在转换器不是简单的值转换器或列管理器，而是需要查看整个数据集的时候，例如独热编码器或规范化器。

打包已经训练好的模型

　　“已经训练好的模型”（trained model）最终不过一个计算图的表现形式而已。在最简单的情况下，例如线性回归，它可能是一个简单的多项式或决策树。相反，如果使用神经网络，它则可能是一个复杂得多的数学模型。训练模型的目的是发现最合适的系数来完成一个计算图，其组成取决于所使用的特定算法，该算法应具有足够高的准确率。

　　Fit 或 CrossValidate 方法返回的模型就是一个内存对象。它需要保存（持久化）到磁盘上供客户端应用程序使用。以下代码将模型保存到磁盘上：

```
mlContext.Model.Save(trainedModel, trainingDataView.Schema, modelPath);
```

　　保存的模型是一个 ZIP 文件（图 4.5），其中包含以特殊方式序列化的数据、必要的转换器列表和数据模式。保存的模型将被部署到一个客户端应用程序（即一个 Web 应用程序）。如果客户端应用程序是一个 .NET 应用程序，该模型可以直接在进程中加载，这样生成预测的速度更快。否则，它可以嵌入一个 .NET Web 服务或 gRPC 外壳中，并由客户端使用（无论是什么托管平台）。

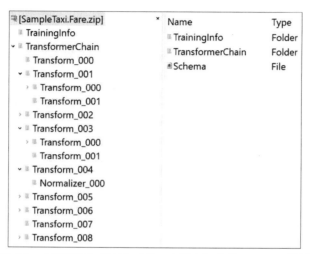

图 4.6   由回归 ML 任务生成的一个保存下来的 ML.NET 模型

设置客户端应用程序

ML.NET 训练好的模型主要在两种情况下使用。在这两种情况下，需要采取相同的编程步骤。一种情况是把模型托管到一个 Web 服务中。另一种情况是把模型托管在一个原生的 .NET 可执行文件中。在这两种情况下，模型主机需要采取以下行动。

- 实例化一个预测引擎。
- 使用输入数据调用预测引擎，并接收输出数据，正如模型的模式(schema)所规定的。

实例化预测引擎的方式取决于客户端是桌面应用程序，还是在服务器环境中运行（如 Web 应用程序或 Azure 函数）。

如果是在非服务器环境中或者不需要考虑可伸缩性，那么可以使用以下相当直观的代码：

```
ITransformer trainedModel = mlContext.Model.Load(modelPath, out var
modelInputSchema);
// 创建与加载的训练模型相关的预测引擎
var predEngine = mlContext
    .Model
    .CreatePredictionEngine<TaxiTripDescriptor, FarePrediction>(trainedModel);

// 预测
var prediction = predEngine.Predict(trip);
```

首先，加载模型（之前已保存为 ZIP 文件）并将其传给 ML.NET 上下文对象的 Model 目录中的 CreatePredictionEngine 方法。一旦获得一个预测引擎，就只需要调用 Predict 方法，然后即可就一些输入数据进行预测。

至于具体向 Predict 传递什么以及得到什么，要取决于模型所支持的模式，以及在训练阶段定义的、表示特征和打分列的类。在我们的例子中，TaxiTripDescriptor 是描述训练数据的类。FarePrediction 数据如下所示：

```
public class FarePrediction
{
    [ColumnName("Score")]
    public float FareAmount;
}
```

TaxiTripDescriptor 和 FarePrediction 可以放到训练应用程序和客户端共享的同一个程序集中。

一种更好的调用模型的方式

在服务器和多线程环境中，如 ASP.NET 应用程序、Web API 或 Azure 函数，出于性能和可扩展性的考虑，需要尽量缓解为每个 HTTP 请求创建一个新的预测引擎实例的影响。现实中的模型可能非常大，为每个请求都加载一个模型可能会对请求完成的总时间产生负面影响。

例子中的已训练模型（trainedModel 变量）应该成为一个单例（singleton），并在整个应用程序中共享。事实上，它的类型 ITransformer 是线程安全的，可以安全声明为单例或全局变量。然而，如果让它成为一个单例，就可以很容易地把它插入 ASP.NET Core 的依赖项注入框架中。而在桌面应用程序中，可以把它当作一个全局引用。

一个更大的问题是预测引擎的创建。CreatePredictionEngine 方法比较耗时，若是在每个请求中都调用它的话，可能会影响整体性能。更糟糕的是，返回的 PredictionEngine 类型不是线程安全的。所以，这里不适合选择单例方案。同样，这对一个桌面应用程序来说可能并不算是一个大问题，但对 Web 应用程序来说却属于一个重大的缺陷。对 Web 应用程序这样的多线程应用程序，建议使用更先进的方法，例如对象池。

不过，好消息是，ML.NET 团队已经创建了一个 ASP.NET Core 集成包，提供了一个开箱即用的预测引擎池，它已经与 ASP.NET Core 中的依赖项注入层很好地整合在一起。因此，以下为 ASP.NET Core 应用程序中调用预测引擎的推荐方法。

在 Startup.cs 中，为每个场景添加一个预测引擎池。在本例中，一个引擎用于预测乘坐时间（长度），另一个用于预测打车费用。

```
public void ConfigureServices(IServiceCollection services)
{
    // 其他代码放到这里
    // ...

    services.AddPredictionEnginePool<TaxiTrip, TaxiTripTimePrediction>()
        .FromFile(modelName: "TimeModel",
            filePath:"ml/TaxiFair.Model.Time.zip",
            watchForChanges: true);
    services.AddPredictionEnginePool<TaxiTrip, TaxiTripFarePrediction>()
        .FromFile(modelName: "FareModel",
            filePath:"ml/TaxiFair.Model.Fare.zip",
            watchForChanges: true);
}
```

控制器采用以下形式：

```
public class FareController : Controller
{
    private readonly FarePredictionService _service;

    public FareController(
        PredictionEnginePool<TaxiTrip, TaxiTripTimePrediction> timeEngine,
        PredictionEnginePool<TaxiTrip, TaxiTripFarePrediction> fareEngine)
```

```
{
    _service = new FarePredictionService(timeEngine, fareEngine);
}

public IActionResult Suggest(TaxiTripEstimation input)
{
    var response = _service.DoWork(input); return Json(response);
}
}
```

这两个预测引擎池被注入控制器，控制器则注入一个负责最终工作的工作者
服务类中：

```
public TaxiTripEstimation DoWork(TaxiTripEstimation input)
{
    var trip = new TaxiTrip()
    {
        VendorId = "VTS",
        RateCode = input.CarType.ToString(),
        PassengerCount = input.NumberOfPassengers,
        PaymentType = input.PaymentType,
        TripDistance = input.Distance,

        // 为了预测
        FareAmount = 0,
        TripTime = 0
    };

    // 预测时间
    trip.TripTime = _timeEngine.GetPredictionEngine(modelName:"TimeModel")
        .Predict(trip).Time;

        // 预测车费
    trip.FareAmount = _fareEngine.GetPredictionEngine(modelName:"FareModel")
        .Predict(trip).FareAmount;

    // 为 UI 而准备
    input.EstimatedFare = trip.FareAmount;
    input.EstimatedTime = trip.TripTime;
    input.EstimatedFareForDisplay = TaxiTripEstimation.FareForDisplay(trip.FareAmount);
    input.EstimatedTimeForDisplay = TaxiTripEstimation.TimeForDisplay(trip.TripTime);
    return input;
}
```

现在，想象一下在出租车应用程序中使用这个预测模型。作为用户，是真的对准确的车费金额感兴趣，还是想看到一个更合乎常理的价格范围，例如 5~10 美元？很可能，想要的是后者。作为开发人员，如果返回一个价格范围，而不是一个精确的值，例如 7.36 美元，也会觉得更舒服。以下代码可以使实际的数值预测对用户更友好：

```
input.EstimatedFare = trip.FareAmount;
input.EstimatedFareForDisplay = TaxiTripEstimation.FareForDisplay(trip.FareAmount);
return input;
```

将上述代码放到之前展示的 Predict 方法实现的底部。用户将收到准确的预测结果，显示的是一个更易读的字符串。

最后要提醒的是，从客户端应用程序的角度来看，只有一个专门的类需要调用，而且没有真正意义上的人工智能的感觉。只不过是一些（略微更智能的）代码而已

4.4　机器学习深入思考

回归以及分类是一个巨大的领域，包含无数实际的问题。本章展示了如何在特定城市中预测出租车打车费用。但是，这就足以说明你在自己的应用程序中利用了人工智能吗？回答既是又不是。

如果说是，这就是 AI，因为你使用的是用机器学习训练的模型。如果说不是，是因为使用结构上单一的浅层学习算法，你只能做一些小的事情，因而只能解决相对简单的问题。

4.4.1　简单线性回归

回归是预测一个连续值的任务，无论这些值是数量、价格还是温度。下面是一些例子：

- 价格预测 (房屋、股票、打车费用、能源)
- 生产预测 (食品、货物、能源、水的供应)
- 收入预测
- 时间序列预测

时间序列回归很有意思，因为它有助于理解（更好的是预测）定期报告其状态的复杂动态系统的行为。这在生产工厂中十分常见，由于安装了物联网设备，所以能获得大量的观察数据。时间序列回归也常用于金融、工业和医疗系统的预测。时间序列回归是如此有趣，以至于 ML.NET 提供了一个专门的任务，详情将在第 8 章介绍。

为了帮助理解简单和不那么简单的预测场景（方案）的不同范围，让我们（再次）考虑价格预测的问题。

线性回归对于快速而简陋的预测来说是很好的，例如估计乘坐出租车的时间和费用，尽管它对人和企业的影响非常有限。预测房价（或者更糟糕的是预测股票）则是另一回事。对某个地区的价格变化进行长期预测又完全是另一回事。

4.4.2　非线性回归

线性回归并不适用于所有现实世界的场景，这是因为它的结构比较僵化，而且所涉及的数学模型固有就是线性的。因此，它经常作为一个基线模型使用，用于解决基本场景和任务，或者用来证明对不同方法的需求。相反，通过神经网络实现的回归具有非线性的优势，数据模型的流动更趋近现实。

那么，如何在不同长度的时间线上预测现实世界的价格？

例如，预测能源价格是一个需要级联（cascading）方法的问题。能源是一种涉及传统和可再生资源的商品；为了预测客户将支付的费用，需要知道所有可能的资源的价格动态。为此，我们需要级联方法。此外，一些能源的价格取决于其他能源和原材料的价格。这需要来自商业世界许多不同领域的足够多的数据，还要对其进行整理和同步。

在机器学习中，为了减少误差并返回一个可接受和可用的预测，必须能对现实世界的过程和数据流进行建模。世界是连续的，而不是离散的——虽然有的时候，用离散的数据也能获得一个足够好的近似值。

4.5　小结

本章完全是关于 ML.NET 任务的。ML.NET 任务是一个目录对象，它公开了开发者为一类特定的问题构建和训练机器学习模型所需的一切。本章讲述了 ML.NET 库所提议的机器学习项目的典型步骤，并重点讨论了回归（预测）任务。

我们展示了如何将来自成千上万出租车交易的样本数据打造为一个数据集，从而对给定地区的打车费用做出可以接受的预测。

由于这是多个结构相似的章中的第一章，所以我们提供了一些较为常规的 ML.NET 资料，其覆盖面甚至超出了回归任务严格需要的范围。我们涵盖了数据加载器（文件、数据库、集合）、验证方法（k 折、留出）、特征工程的基础知识（规范化器、独热编码）以及数据处理管道的合成。

然后，我们讨论了可用于回归任务的算法，并展示了有关如何构建、运行和评估训练管道的细节。我们讨论了如何保存模型并将其载入客户端应用程序，尤其是 ASP.NET Core 应用程序。在此过程中，我们提及了将机器学习预测平滑地集成到客户端应用程序 UI 中的话题，以及在服务器端、多线程应用程序中有效托管 ML.NET 预测引擎所需的条件。

最后是"机器学习深入思考"一节，本书这一部分的所有章都会设置这一节。旨在为当前章所涉及的问题提供更深、更广的视野，并将其纳入现实世界的视角。本章提醒你注意的是，猜测乘客打车费用和预测未来几天的电费有很大的区别（无论业务模式还是性能）。例如，能源公司有可能计划维护和关闭发电厂。

下一章将以相同的内容组织方式来讨论分类问题。

第 5 章

分类任务

> 一个有纸、笔和橡皮擦并且严格坚持行为准则的人，本质上就是一台通用机器。
>
> ——艾伦·图灵 [①]

对人类来说，所谓分类，就是根据一些既定的标准将物体系统地安排在同质分组中的行为。对于软件应用来说，几乎如出一辙。

机器学习也没有什么不同，只是预期的分组的数量为问题赋予不同的内涵，得出不同的解决方案，最后形成不同的算法。

具体而言，如果被分析的对象预期恰好分为两组，这个问题就称为二分类。否则，如果输出组的数量大于两个，问题就变成了多分类。

ML.NET 支持两种不同的机器学习任务：一个用于二分类，一个用于多分类。让我们先从二分类讲起。

5.1 二分类机器学习任务

二分类是日常生活中颇为常见的一项任务，人们经常都是在不知不觉中完成这项工作的。任何时候提出一个是或否的问题，都是在进行二分类。现实世界中的例子是，一封给定的电子邮件是否应该被归类为垃圾邮件？或者一笔金融交易是否应该被标注为可疑？

但是，本章将重点放在情感分析上，试图训练模型，将收到的关于某个东西的反馈归类为正面或负面。

[①] 译注：Allan Truing（1912—1954）发表于 1948 年的一份报告"智能机器学"。

　　在 ML.NET 中，BinaryClassification 任务作为机器学习上下文对象的一个目录属性向外公开。

5.1.1　支持的算法

　　和任何机器学习任务一样，BinaryClassification 任务是一个具有三个主要端点的目录。三个端点：一个训练算法列表（Trainers 属性）；一个评估程序，用于根据配置的误差函数为训练结果打分（Evaluate 方法）；一个交叉验证工具（CrossValidate 方法）。

　　此外，BinaryClassification 任务还支持 Evaluate 和 CrossValidate 这两种验证方法的两种变化形式：正常（normal）和非校准（noncalibrated）。因此，该任务出现了一个新的概念，即"校准器"（calibrator）。

可用的训练器

　　二分类机器学习任务提供了一些算法，这些算法都在训练器的标准库中，无需额外的 NuGet 软件包。总体来说，至少可以用表 5.1 总结的算法来训练一个二分类模型。

表 5.1　ML.NET 内建的二分类算法

算法	说明
AveragedPerceptron	基于感知机分类算法
FieldAwareFactorizationMachine	基于针对监督学习的因子分解机策略
LbfgsLogisticRegression	基于线性逻辑回归策略
LdSvm	基于局部深度（LD）支持向量机（SVM）；主攻非线性 SVM
LinearSvm	基于支持向量机（SVM），辅以特定的下降策略，交替使用随机梯度和投射步骤
Prior	基于先验概率的概念，即无论实际特征如何，一个标签是 0/1 的可能性
SdcaLogisticRegression	基于校准的随机双坐标上升（SDCA）

续表

算法	说明
SdcaNonCalibrated	基于非校准的随机双坐标上升（SDCA）
SgdCalibrated	基于随机梯度下降（SGD）
SgdNoncalibrated	基于非校准的随机梯度下降（SGD）

有的时候，二分类问题可以简化为线性回归问题的简化版，其中所有低于或高于给定阈值的值都被映射到二元类中的一个。因此，前一章介绍的算法也可以作为二分类器加入表 5.1 中。

然而，这方面的最终决定权在于数据科学团队。

可用的校准器

在分类中，校准意味着将分类器获得的分数转换为一个值，表示具有某类成员资格的可能性。在 ML.NET 中，对于二分类器，有许多预定义的校准器对象可以根据分数计算出概率，并返回数据行属于某个特定类别的可能性。表 5.2 总结了 BinaryClassification 任务所公开的校准器。

表 5.2　ML.NET 用于二分类的校准器

校准器	说明
Isotonic	基于单调校准（monotonic calibration）
Naïve	基于分箱校验（binning calibration）
Platt	基于流行的 Platt（普拉特）缩放法，将逻辑回归模型应用于分数

在分类中，直接得到一个对象是否属于某个类别的（二元）答案可能并不理想。有的时候，更方便的做法是计算对象属于任何可用类别的概率。如果是具有这种特征的模型，就可以认为是校准的（calibrated）。

校准可以通过许多方法获得。Isotonic 校准是标准方法，它使用的是一种单调逻辑，其中预测分数较高的对象更可能是正面的（positive）。相反，Naïve 校准遵循第 4 章为特征工程讨论的"分箱"逻辑。特征分箱将连续值变成分类值，基本上就是将一个范围内的所有值归入一个专门的"箱"或"桶"（bin）。对于二分类，只有两个可能的"箱"。

5.1.2　支持的验证技术

BinaryClassification 任务支持两种类型的 k 折交叉验证：校准的和非校准的。任务对象支持两个浅显易懂的方法来让你选择想要使用的策略。

- CrossValidate 方法在指定数量的折（fold）上运行交叉验证，返回一个定制的评估对象，其中包括概率指标。
- CrossValidateNonCalibrated 方法做同样的工作，只不过返回的评估对象不含任何概率指标。

5.2　情感分析的二分类

二分类一个很好的例子是情感分析，它通过提取隐藏在词语中的情感来分析文本。情感分析可以在任何形式的文本上进行，包括根据语音对话合成的句子。

这种分析预期的输出通常旨在发现情绪是正面的还是负面的，所以非常适合二分类。

5.2.1　了解可用的训练数据

在我们的示例程序中，数据集包括从一个餐厅网站的反馈模块中提取的几千个句子。要处理的输入文件是一个文本文件，具有非常简单的模式：一个句子和一个 0/1 值，两者用制表符分隔。

0 标志负面评论，而 1 标志正面评论。二分类器的目标是评估一个文本字符串并返回 0 或 1，将当前文本归为正面或负面。

值得注意的是，我们要处理的样本数据集只包含对一家餐馆进行评价的句子。一般来说，任何句子都可能与一些喜欢 / 不喜欢的情况相关联。盲目的、忽视上下文的解释很容易导致错误的结果。换言之，同一个句子在餐厅的上下文中可能被标记为正面情感，但在其他主题的上下文中可能不会被标记为正面。以下面这个句子为例：

"这个吸尘器吸了很多灰尘。"

如果机器学习模型针对的是某种类型的家用电器（特别是吸尘器），这会是一个正面的评价。但是，由于存在"吸"和"灰尘"这两个词，所以如果粗暴且盲目地应用于任意文本或不同于清洁电器的场景，就很可能得出某种负面情感。

数据模式

示例代码使用你已经熟悉的几行代码加载文件：

```
var filePath = ...;
var mlContext = new MLContext();
var dataView = mlContext.Data.LoadFromTextFile<SentimentData>(filePath);
```

记住，从文件中加载训练数据是最简单的上手方式，也是证明一个概念的最快（和最舒服）的方式。但是，在数据科学的边界之外是数据工程的领域。在这个领域，数据的加载和处理只能是一个高度自动化的过程。

在这里，ML.NET 综合了数据库加载器的强大功能以及内存驻留（in-memory）集合的灵活性，能提供极大的帮助。

任何机器学习模型都有一个模式（schema），该模式定义着模型训练和部署后的数据流入和流出。上述代码是从文本文件中加载数据，这是使用 SentimentData 类时的一种常规方法。这个类的布局塑造了从数据源中读取的数据。

如前所述，我们谈论的是一个以制表符分隔的文本行所产生的两列数据。下面展示 SentimentData 类的实现，我们将用它来构建数据视图。

```
public class SentimentData
{
    [LoadColumn(0)]
    public string SentimentText;
```

```
    [LoadColumn(1), ColumnName("Label")]
    public bool Sentiment;
}
```

LoadColumn 属性（如果数据是从数据库加载的话，则不需要）将列的序号位置映射到类的一个属性。第一列数据用于设置 SentimentText 属性，第二列（可行值 0/1）则用于设置 Sentiment 属性。

注意，我们还使用 ColumnName 属性将 Sentiment 属性重命名为 Label，这是为机器学习管道准备的。注意，在前面的例子中，我们使用的是数据转换和 CopyColumns 方法。

数据集分区

对于第 4 章讨论的回归例子，我们假设有两个不同的数据集：一个用于训练，另一个较小的用于测试。这样配置的是一个"留出"（holdout）场景。在回归的例子中，一开始就有独立的文件来提供这些不同的数据集。

然后，我们还讨论了如何使用交叉验证方法来进行训练。采用这种方法时，最初只有一个数据集，然后必须把它分成训练和测试数据集。交叉验证方法（特别是 k 折方法）将数据集分成固定的（K）个组。除了一个组用于测试，其他的都用于训练。此外，交叉验证法会轮换组别，使所有数据分区都用于训练和测试。

下面是机器学习数据集的一般定义，从某种程度上是抽象的。

- **训练数据集**　训练数据集供机器学习算法从中学习，以便从中发现特征和目标值之间的任何隐藏关系。

- **验证数据集**　验证数据集提供训练阶段用于验证模型的数据。有的时候，验证数据集是训练数据集的一个子集，但它也可以是和训练数据集一样大的不同数据集。验证数据集主要用于对模型的超参数进行调整。用软件开发的行话来说，验证数据集与单元测试极为相似。

● **测试数据集**　测试数据集用于对训练好的模型进行无偏评价（unbiased evaluation）。它提供了模型在现实世界中如何工作的衡量标准。测试数据集的值和分布必须和训练数据集相当。用软件开发的行话来说，这类似于验收测试。在文献中，这个概念有时称为留出数据集（holdout dataset）。测试留出数据集绝不应该被用来决定使用哪种算法，也不应该用来对所选算法进行调整。它就是一个普通的测试，用于测试模型在生产中会有多好。它只是给你一个肯定或否定的答案。当然，如果答案是否定的，你可能想重新考虑模型（以及算法和 / 或其参数）、测试（留出）数据集或者同时考虑两者。

注意　这里所说的模型测试相当于 Java 和 C# 等编程语言中的单元测试。单元测试的最终目的不是确保应用程序满足所有客户的要求。相反，它的目的很简单，就是让团队对自己正在做的事情有信心，并且在之后进行深度重构时有一个强大的工具来捕捉回归误差。这里的情况几乎是一样的——测试数据集只提供了一个必要的质量衡量标准，但不能保证模型在面对生产数据时会表现得那么好。

验证集和测试集

验证数据集和测试数据集这两个词在文献中经常交替使用，我们这里也不例外。

我们使用（并将使用）测试数据集这个术语从更抽象的角度引用一个验证集，也就是在训练应用程序中用于验证模型的数据集。测试数据集还引用另一个层次的测试，当模型被判定有效（通过所有验证测试）后，并在投入生产之前，就会触发这个层次的测试。

本书不会遇到这种情况。在本书中，测试数据集实际上映射到前面对验证数据集的定义。

以编程的方式留出

在这个二分类的例子中，我们假设有一个来自某个现有数据仓库的单一数据集文件，并使用 ML.NET 框架所提供的方法，以编程方式将其分成训练和测试数据集。一个常见的分割数据的方法是将 80% 的数据集用于训练，剩下 20% 的数据集用于测试。

分割可以在进入训练阶段之前手动完成，并且会产生两个不同的文件，如第 4 章所述。手动分割是一个灵活的解决方案，因为有助于我们完全控制进入每个文件的数据行。但是，采用这个做法时需要注意一些重要问题。其中最重要的是，分割必须返回两个真正随机分布的数据集。如果是手动进行分割，那么要由你自己负责这一点。另一方面，机器学习库通常提供了专门的工具，ML.NET 也不例外。Data 目录公开了 TrainTestSplit 方法，它接收一个 IDataView 和一个百分比，并返回一个 TrainTestData 对象。

```
TrainTestData split = mlContext.Data.TrainTestSplit(dataView, 0.2);
```

上述代码指定的百分比（0.2）表示测试数据集的份额，其效果是对数据集进行 80/20 分割，其中 80% 的数据保留用于训练，剩下 20% 用于测试。TrainTestData 是一个纯容器类，它的实例由两个 IDataView 对象组成：TrainSet 和 TestSet。

5.2.2 特征工程

机器学习算法只能对数字进行处理。那么，它们如何处理纯文本呢？一个（相当）明显的答案是，它们不能处理纯文本。

文本特征化

为了实现二分类算法，另一个准备步骤是对文本进行特征化。ML.NET 库通过 Text 目录类提供了 FeaturizeText 方法，如下所示：

```
var pipeline = mlContext
    .Transforms
    .Text
    .FeaturizeText("Features", "SentimentText");
```

该方法获取数据集的 SentimentText 列，并将其转换为一个新的、由浮点值数组构成的、名为 Feature 的列。然后，将 Features 列添加到转换管道中（Features 列是所有 ML.NET 训练器都需要的输入值）。

保存到 Features 列的数组中的每个值都代表一个被发现的 n-gram 的规范化计数。所谓 n-gram，是指文本中出现的 n 个词的连续序列。

为了将文本转换为数值，FeaturizeText 使用 TextFeaturizingEstimator 的一个实例并设置默认参数（参见表 5.3）。

表5.3　文本特征化选项

设置	说明	默认值
CaseMode	如何更改文本的大小写（小写、大写、原样）	小写
CharFeatureExtractor	生成一个数值向量，其中每个数字都引用 n 个连续字符的不同序列（n-gram）	n=3
KeepDiacritics	是否保留文本中的变音符号	False
KeepNumbers	是否保留删除文本中的数字	True
KeepPunctuations	是否保留标点符号	False
StopWordsRemover	表示如何处理停顿词（在处理自然语言文本之前通常被过滤掉的词）：忽略、默认或自定义词汇	无
WordFeatureExtractor	生成一个数值向量，其中每个数字都引用 n 个连续词的不同序列（n-gram）	n=1

注意，向量数字是通过特征提取器内部创建的一个字典中的索引来识别 n-gram 的。让我们对以下代码做一番调试，帮助大家理解具体含义。

```
var preview = mlContext
    .Transforms
    .Text
    .FeaturizeText("Features", "SentimentText")
    .Preview(splitDataView.TrainSet);
```

通过在上述代码行后面设置一个断点，可以检查文本特征化对训练数据集中的数据行的影响。为便于检查，可以添加一个对 Preview 方法的调用。该方法是专门为调试场景设计的，它会将转换应用于所提供的数据视图，并将快照保存到一个局部变量。Preview 方法不用于生产，而且只应该用于调试会话。

特征化文本一瞥

图 5.1 展示了数据视图被转换时的一个屏幕截图。

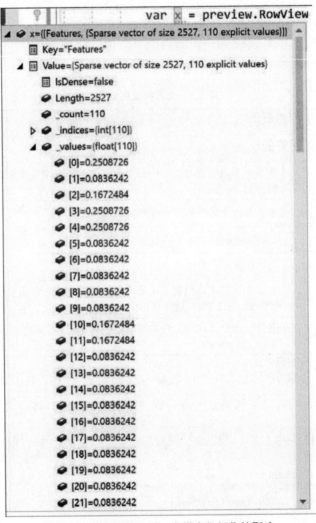

图 5.1　文本特征化对一个样本数据集的影响

在特征化之后，数据视图中的项目由 4 列组成：SentimentText、Label（最初是 Sentiment）、SamplingKeyColumn（在训练 / 测试分割过程中出于内部目的而添加）以及 Features（包含数值向量）。图 5.1 展示了样本行的 Features 列的内容，该行的原始文本如下所示：

My tortillas were falling apart from the grease and from the large quantity of the meat, cheese, and cabbage.
（我的（墨西哥）薄饼被油脂和大量的肉、奶酪和卷心菜弄得支离破碎。）

展开内容，会发现一百多个浮点值，每个浮点值都代表 SentimentText 列的内容中出现的 n-grams。还要注意的是，数值已规范化到 0~1 的区间。

5.2.3　合成训练管道

下一步是将训练器附加到机器学习管道上、训练模型并评估结果。现在，面临一个经常难以回答的问题：应该选哪种算法呢？

选择算法

逻辑回归算法是可以从 BinaryClassification 目录使用的训练器之一，它被认为是当前问题的最佳拟合算法之一或者至少是第一个可以尝试的选项。逻辑回归的工作原理是对数据集中默认分类的概率进行建模。在我们的例子中，默认分类是我们认为在正面和负面之间，默认（或者说更常见）的那一个标签值。

如果选择逻辑回归算法，就需要以下代码：

```
// 将训练器追加到管道（逻辑回归算法）
var pipeline = mlContext
    .Transforms
    .Text
    .FeaturizeText("Features", "SentimentText");
    .Append(mlContext.BinaryClassification
    .Trainers
    .SdcaLogisticRegression("Sentiment", "Features"));

// 在训练数据集上拟合模型
var model = pipeline.Fit(splitDataView.TrainSet);
```

逻辑回归训练器需要两个列名：一列包含供学习的正确答案（Sentiment），另一列包含输入值（Features）。

支持向量机（Support Vector Machine，SVM）是另一种应该尝试的二分类算法。ML.NET 通过 BinaryClassification 目录的 LinearSvm 方法来提供 SVM。

SVM 与逻辑回归的比较

"支持向量机"这个名字听起来相当可怕，因为该算法背后多少有些深奥的数学知识。SVM 是一种监督算法，在分类和回归问题上都有不错的表现。但是，它在文本分类、垃圾邮件检测和情感分析方面更是表现出众。它在图像上用于识别有规律的模式（如手写体或数字）时也表现良好。即使在相对较小的数据集上进行训练，只要数据的重叠程度有限，SVM 通常还能提供准确的响应。

SVM 和逻辑回归在类似的数据集上提供了几乎相同的性能和相同的准确性。两者都不受数据集中离群值的影响。另外，这两种算法都是线性的，所以即使是相当大的数据集，它们也能进行很好的训练。

有趣的是，这两种算法使用完全不同的方法得出它们的解。逻辑回归使用概率方法，并返回一个数据项落入默认类别的可能性。相反，SVM 试图在落入每个类别的数据项之间找到尽可能大的间隔（separating margin）。

 注意　参考 *Introducing Machine Learning* 一书（Microsoft Press，2020），了解机器学习算法的更多内部细节，包括它们背后的基础数学知识。

模型评估

在二分类中，Evaluate 方法及其孪生方法 EvaluateNonCalibrated 可以用来获取一些指标以评估算法的质量和精确率。以下代码展示了如何使用已经训练好的模型，从而基于测试数据集来生成预测，以及如何进行评估。记住，Evaluate 和 EvaluateNonCalibrated 的区别在于，后者会返回一个不含任何概率的 metrics 对象。

```
// 基于测试数据集生成预测结果
IDataView predictions = model.Transform(splitDataView.TestSet);

// 基于测试数据评估模型
var metrics = mlContext.BinaryClassification.Evaluate(predictions,
"Sentiment");
```

Evaluate 方法返回一个 CalibratedBinaryClassificationMetrics 对象，该对象为问题的多个相关指标进行分组。

具体而言，该指标对象告诉我们测试集中正确预测的比例（不管这个"正确"是指正例还是负例）。它还告诉我们正例和负例的召回率，即样本中有多少比例的正例属于正确预测。精确率（precision）和召回率（recall）的调和平均值作为 F1 分数（或 F 分数）指标进行汇总。

在样本测试数据集上，逻辑回归算法返回的准确率（accuracy）超过 85%。然而，样本测试集返回的 F 分数很低——大约 0.3，而 F 分数的理想值是 1。对这些数字最恰当的解读是什么？我们应该怎么做？改变算法？增加或删除转换？使用更大的数据集？同样，数据科学这时就派上用场了！

如果没有专家团队的支持，可以考虑在 ML.NET 中使用 AutoML，这要么通过 Visual Studio Model Builder 插件，要么通过 ML.NET 命令行工具（CLI）。只要运行足够长的时间（而不是区区几秒钟），AutoML 就会为一个给定的数据集推荐理想的算法和超参数集。

二分类指标

表 5.4 简要总结了在使用二分类时大家可能感兴趣的度量指标。

表 5.4　二分类的常用度量指标

指标	说明
Accuracy（准确率）	表示预测正确的结果占总样本的百分比。理想值是接近 100%。但如果样本不平衡，那么高的准确率可能含有很大的水分
Precision（精确率）	表示在所有被预测为正的样本中实际为正的样本的概率。理想值是接近 100%。例如，数据集包含 10 只真正的猫，预测有 7 只，其中仅 4 只预测正确，那么精确率为 4/7
Recall（召回率）	表示在实际为正的样本中被预测为正样本的概率。理想值是接近 100%。还是上一个例子，召回率为 4/10
F1-score（F1 分数）	表示精确率和召回率的调和平均值。它可以就每个选项进行计算。理想值是接近 100%

最简单的指标是准确率（accuracy），它只是指出模型做出良好预测的频率，无论这个"好"的预测是正例还是负例。举个例子，85% 的结果可以被认为是相当不错，但它肯定不能算最好。与此同时，如果达到接近 100% 的准确率，特别是在一个大的测试数据集中，那么也不太理想，因为这可能是一个过拟合的标志。所以，理想情况下，应该接近 100%，但又不要过于接近。

如果标签是平衡的，那么更能接受的指标是准确率。然而，对于不平衡的数据集，那些有许多"假"值而只有少数"真"值的数据集（或相反），你可能会得到很高的准确率，但这个模型仍有可能没有经过良好的训练，不能检测数据中的异常情况。事实上，不平衡的数据集是一种典型的异常检测场景，例如信用卡欺诈。

从综合指标获取帮助

F1 分数是一个综合指标，这意味着它不代表一个直接的指标。因此，如果准确率（或精确率、召回率）至关重要，就可以安全地忽略该指标。然而，如果手头的问题无法为理想的训练方法提供严格的指引，或者想对多种算法进行比较，F1 分数的重要性就会上升，并能发挥积极作用。

例如，当数据集不平衡，而且两种情况中的一种比另一种发生更频繁，F1 分数就至关重要。对于不平衡的数据集，关键在于每个选项对手头问题的重要性。欺诈检测就是一个很好的例子；在这种情况下，有效地标记欺诈性交易比以任何方式处理非欺诈性交易要重要得多。在这种情况下，应该只看更重要的选项的 F1 分数，并选择使值最大化的算法。

然而，如果数据集是平衡的，就可以忽略 F1 分数。因为在准确率良好的情况下，错误分类的风险相当低。如果两种情况都应该仔细考虑，那么 F1 分数在两个选项上都应该足够高，从而确保模型的质量。

设置客户端应用程序

图 5.2 展示了一个示例 ASP.NET 应用程序，它使用了我们刚刚构建的二分类模型。HTML 表单负责捕捉要提交的文本作为反馈，并调用了一个控制器行动作方法。如第 4 章所述，一个预测引擎被注入该控制器。

```
// 来自 Startup.cs 的 ConfigureServices 方法
services.AddPredictionEnginePool<SentimentData, SentimentPrediction>()
    .FromFile(modelName: "SampleClassify.Sentiment", filePath:
mlSentimentModelPath);
```

以下代码定义了 SentimentPrediction 类。注意，该类的模式取决于所选定的算法，而算法负责输出特定的列。特别要注意的是，（校准）逻辑回归算法设置了两列。其中，PredictedLabel 列容纳布尔值答案，而 Probability 列容纳所预测的值的置信度。这些列必须被映射到训练好的 ML.NET 模型所返回的 SentimentPrediction 类中的属性。训练器还返回一个 Score 列，它包含一个浮点值，代表由模型计算出来的原始的、无边界的分数，情感和概率就是从这个分数得出的。

```
public class SentimentPrediction
{
    [ColumnName("PredictedLabel")]
    public bool ActualSentiment;

    [ColumnName("Score")]
    public float ActualScore;

    [ColumnName("Probability")]
    public float ActualProbability;
}
```

图 5.2 的网页接收上述类的 JSON 序列化版本，并相应地建立一个用户界面。

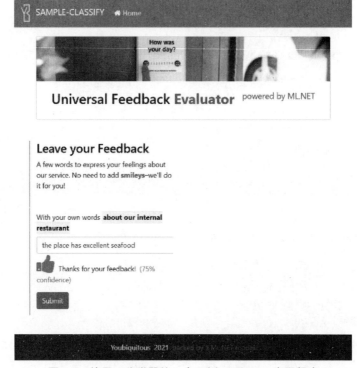

图 5.2　使用二分类器的一个示例 ASP.NET 应用程序

5.3　多分类 ML 任务

　　从抽象的角度讲，二分类可以视为多分类（multiclass classification）的一个特例，前者仅有两个类别可选。但是，一旦涉及处理两个以上的目标类别，在实现上就会呈现巨大的差异，并会导致一个独特的算法系列。

　　通过扩大选择范围（正面、负面、中性以及任何其他有意义的情感程度），之前作为二分类实例来处理的情感分析问题可以重新表述为一个多分类问题。多分类模型的响应是从包含两个以上可行类别的集合中选择一个目标类别的名称。

　　虽然听起来很奇怪，但增加可选的可行类别的数量，会极大地影响机器学习管道的各个步骤。

支持的算法

多分类适合现实世界中任何必须将数据项分配给一个现有类别的场景。为了训练一个算法，需要提供一个足够大的已分类元素集，让算法找出新数据项最适合去的地方。与聚类不同（以后会讨论），多分类是一种监督（supervised）学习形式，这意味着要事先确定可选择的类别。

对比多分类和多标签

尽管名称相似，但多分类（multiclass classification）与多标签分类（multilabel classification）是不同的。具体地说，多标签分类是指单个数据项可以被分配给一个或多个类别。为一首歌分配多个流派时，或者当一个产品适合多个营销类别时，就特别适合多标签分类。

多标签一般是通过在定制的学习管道和适当转换的数据上进行二分类来实现的。最常见的做法是，为每个可能的类别构建一个二分类模型，并在一个合成的管道中运行它们。

可用的训练器

最起码，我们可以使用表 5.5 列出的算法来训练一个多分类模型。它们都是标准库内建的，不需要额外的 NuGet 包。

表 5.5   ML.NET 内建的多分类算法

算法	说明
LbfgsMaximumEntropy	基于最大熵模型
NaiveBayes	基于朴素贝叶斯 (Naïve Bayes) 概率分类器方法
OneVersusAll	基于 One-Versus-All 方法
PairwiseCoupling	基于 One-Versus-One 方法
SdcaMaximumEntropy	基于线性模型，返回特征属于某一类别的概率
SdcaNonCalibrated	基于一个返回概率的非校准线性模型

将这个表格的名称和表 5.1 进行比较，会发现一些相似之处。特别是，有几个（maximum entropy）算法（LbfgsXxx 和 SdcaXxx）在两个表中具有不同的名称：多分类使用最大熵法，而二分类使用逻辑回归。

最大熵法是对线性逻辑回归的一种归纳，针对多分类情况进行了调整。下面稍微深入了解一下其他多分类算法。

朴素贝叶斯方法

在机器学习变得像现在这样流行之前的某个时候，科学界觉得有必要为分类问题增加一个概率维度。贝叶斯（Bayes）分类器的定义应运而生，通常也称为朴素（naïve）分类器。贝叶斯统计学是这种分类方法的基础。

简单地说，贝叶斯分类器计算一组给定的特征属于一组指定的结果类别中的每一个的概率。它不仅告诉我们一个给定的数据项属于哪个预定的类别，还告诉我们相关的概率。正如你预期的那样，所有概率之和为 1。

为什么说它是一种"朴素"的技术呢？

这是由于这种分类器假设所有特征都是相互独立的。从纯统计学的角度看，这是一个强假设，它妨碍了对现实世界的有效建模。不过，朴素贝叶斯分类器在机器学习中工作得相当好，特别适合分类问题以及大量数据的首次扫描。

One-Versus-All 方法

这种方法将多分类简化为二分类的多个实例。因此，一个二分类器被训练成对每个目标类别给出是 / 否的预测。针对每个特征运行二分类器，预测它适合任何给定类别的可能性。然后，选择具有最高概率的类别，并将其作为多分类问题的结果返回。

在 ML.NET 中，One-Versus-All 方法可以和表 5.1 列出的任何一个二分类器配合使用。有趣的是，Microsoft.ML.LightGbm NuGet 包提供了一些额外的二分类器，例如 LightGbmBinaryTrainer 以及基于 One-Versus-All 方法的多分类变体：LightGbmMulticlassTrainer 分类器。这两种算法（二分类和多分类）都基于 LightGBM（一种梯度提升决策树方法的开源实现）。

One-Versus-One 方法

这种策略也称为成对耦合（pairwise coupling），其工作原理是将多分类问题分割成若干二分类问题——每对（唯一的）目标类别一个。

例如，给定四个类别，如红、橙、黄和绿，One-Versus-One（OVO）方法将为下面这几对类别运行二分类器：

- 红和橙

- 红和黄

- 红和绿

- 橙和黄

- 橙和绿

- 黄和绿

OVO 预测赢得最多比较的类。假设两个（或更多）类别获得相同次数的胜利，OVO 将在这种情况下挑选出获得最高总置信度的类。为此，它会对底层的二分类器所计算的置信度进行汇总。

相比 One-Versus-All，One-Versus-One 方法做的工作更多。事实上，它需要运行个二分类器（其中 n 是输出类别的数量），理论计算复杂度达到了。相比之下，One-Versus-All 方法恰好运行 n 个二分类器。

但还要看到事情的另一个方面。

虽然 One-Versus-One 要比 One-Versus-All 方法触发更多的二分类器，但是每个分类器都被设置为在一个较小的数据集上工作，该数据集包含的行只用两个类别中的任何一个作为目标值。相反，One-Versus-All 方法要求其所有二分类器总是在整个数据集上工作。这种权衡是由二分类器使用的实际训练器做出的。像 SVM 这样的二分类器并不能随着行数的增减而良好地伸缩。因此，如果选择 SVM 作为二分类器，无论理论计算复杂度有多高，One-Versus-One 方法都优于 One-Versus-All。

5.4 使用多分类任务

分类是指将观察的实体分入多个（两个以上）可行目标类别中的一个。为了获得有效的结果，必须事先对可行标签的集合进行良好的定义，并且必须针对监督学习组织数据。换言之，可用的数据集必须有一列包含已知的答案，才能让模型学习。

多分类的典型例子是将大块文本信息（例如电子邮件、反馈或产品描述）编入对业务场景有意义的几个已知类别之一。类似地，图像、语音和视频也可以进行多分类。不过，这些来源的具体性质开辟了一个全新的算法空间，即对象（物体）检测和图像分类，本书稍后会对此进行讨论。

5.4.1 了解可用的数据

示例应用程序针对的是一个常见的场景：对公司通过一些可能的渠道收集到的反馈进行分类。这些渠道包括网站、机器人、社交网络以及接线员根据客户的电话而录入的工单。

你可能已经猜到，为了使分类模型能很好地集成到公司的业务过程中，必须有一个完全自动化的收集系统，它能将从多种渠道收集到的所有反馈传输到单一的数据仓库。从用户和客户那里流入的数据必须整理，结构化，匿名化，然后存储。接下来，当分类系统运行时，反馈文本将被分析并进行适当的分类。

在这个例子中，我们所处理的数据是一个大的文本文件，它有几个以制表符分隔的列，其中包括描述文本和反馈类型。该数据集来自 ML.NET 样本库，是 13 000 多个 GitHub 议题（issues）的集合。

数据的模式

以下 C# 类描述了我们为多分类考虑的特征。我们希望模型预测的属性是 Area。另外，我们忽略了数据集中的 ID 列。

```
public class TicketData
{
    [LoadColumn(1)]
    public string Area { get; set; }

    [LoadColumn(2)]
    public string Title { get; set; }

    [LoadColumn(3)]
    public string Description { get; set; }
}
```

图 5.3 在 Microsoft Excel 中显示了源数据集。这是一个大小为 15 MB 且以制表符分隔的 TSV 文件；Area 列中各不相同的值构成了目标类别的列表，共 22 个选项。

Title 和 Description 这两列以不同的详细程度描述了一个特定技术领域（Area）的议题。我们希望最终的模型能够获取这两列的内容，并建议最适合的领域。

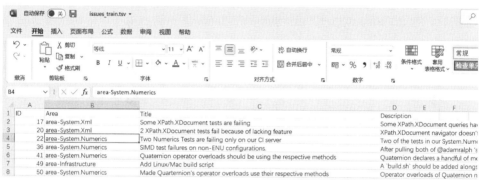

图 5.3　Microsoft Excel 所显示的数据集的内容

特征化文本列

和之前的例子一样，先将数据加载到一个新的 ML.NET 数据上下文。取决于数据的实际存储位置，可以选择使用文件或数据库加载器。

```
var filePath = ...;
var mlContext = new MLContext();
var dataView = mlContext.Data.LoadFromTextFile<TicketData>(filePath);
```

像 Title 和 Description 这样的文本属性需要特征化，这是训练算法学习词语的相关性必须要有的一个步骤。

```
var pipeline = mlContext
    .Transforms
    .Text
    .FeaturizeText("TitleFeaturized", "Title")
    .Append(mlContext
        .Transforms
        .Text
        .FeaturizeText("DescriptionFeaturized", "Description"));
```

FeaturizeText 方法向管道添加指令，根据 Title 和 Description 中的值创建两个新列。

将目标类映射到数值

大多数时候，就像 Area 列的情况那样，目标类别只是文本。因此，我们还需要一个步骤：将非数值列映射为唯一的数字以便预测。第 4 章中，在转换描述出租车付款方式的文本时也遇到了类似的问题。在这种情况下，我们使用的是独热（one-hot）编码技术。

独热编码对可分类的数据（类似于 C# 的枚举类型）非常有效，因为它为每个可能的可分类值创建了额外的 0/1 列。只要选项被限定为几个，独热编码就是可以接受的。但是，多分类（和 Area 列）则是另一回事，因为一个多分类列可能有数百个各不相同的值。对于大型数据集来说，甚至能达到数千个。对于当前这个 15MB 的文件来说，总共有 22 个不同的值。如果要处理大量特征，独热编码是很有问题的。所以，我们不得不选择添加一个新列，将 Area 列中的每个不同的值映射到一个不同的数值（通常是一个渐进式索引）。

```
// 将输入列 "Area" 映射到输出列 "IndexOfArea"
pipeline.Append(mlContext.Transforms.Conversion.MapValueToKey("Area",
"IndexOfArea"));
```

最终，IndexOfArea 列会为 Area 列中每个不同的值包含 1，2 和 3 这样的值。

5.4.2　合成训练管道

又到了这个时候！此时需要选择一个训练器，并将其附加到 ML.NET 学习管道中，以训练模型并评价其结果。先从哪个算法入手呢？

> **注意**　模型训练分为几个逻辑层次，在不同上下文中，所用的术语的含义有时会略有不同。例如，算法是指在数学思想的指导下执行的一系列步骤，它们最终生成一个可执行计算图（也就是模型）。不同算法生成不同的模型。在 ML.NET 中，同一算法可应用于不同的场景（方案），后者称为任务。例如，基于随机双坐标上升算法的方法可用于二分类、多分类和回归。但是，在不同场景中，对算法的输出有不同的解释。在 ML.NET 中，将特定算法与给定任务的适当解释联系在一起的代码层称为"训练器"（trainer）。

选择算法

多分类是一种特殊的情况。大多数可用的训练器都要求多过几遍训练数据集。为了避免从磁盘文件反复加载相同的数据，ML.NET 提供了一些工具来强制算法对给定管道中缓存下来的数据进行处理。其中主要的工具是 AppendCacheCheckpoint（附加缓存存检查点）方法。记住，一定要先将缓存检查点附加到管道，再附加训练器。

为了添加缓存，需要像下面这样在数据处理管道中构建估算器链：

```
var dataPipeline = _mlContext.Transforms.Conversion.MapValueToKey("IndexOfArea", "Area")
    .Append(_mlContext.Transforms.Text.FeaturizeText("Title", "TitleFeaturized"))
    .Append(_mlContext.Transforms.Text.FeaturizeText("Description",
        "DescriptionFeaturized"))
    .Append(_mlContext.Transforms.Concatenate("Features",
        "TitleFeaturized", "DescriptionFeaturized"))
    .AppendCacheCheckpoint(_mlContext);
```

> **注意** 总的来说，小型或中型数据集都可以考虑使用缓存。但在处理大型
> 数据集的时候，千万不要使用。多大才算大？"大型"数据集意味着它比
> 机器的内存还要大，而这种情况对现实生活中的数据集来说是很常见的。
> 在这种情况下，大多数训练器需要在训练期间根据需要从来源（文件或数
> 据库）传输数据。

如此说来，到底该用什么算法呢？

如表 5.5 所示，MulticlassClassification 目录上的 Trainers 集合提供了几个选项。
然而，大多数算法的做法是为每个类别或类别的组合训练一个二分类器。这就是
OneVersusAll 和 PairwiseCoupling 训练器采用的做法。然而，如果客户端应用只
需要一个默认的 / 建议的值来对一个新的数据项进行分类，那么重复使用二分类
器的话，性能就可能不太理想。

另一个选择是 NaiveBayes 算法。

基于概率理论，这个训练器对小型数据集来说是一个有效的选择，对一些快
速分类来说也如此，而后者对一个更大更复杂的学习管道来说可能是必要的。例
如，想象一个用于标记欺诈性交易的异常检测模型。在流入的大量交易中，大多
数都是好的，所以，守在门口的贝叶斯过滤器将广泛简化任何进一步的学习，不
管后者是通过其他浅层学习算法还是神经网络进行。

对于多分类的情况，一个常见的入手方式是使用线性算法，比如随机双坐标
上升（SDCA）训练器。

线性为王

线性算法产生的是输入数据和一组权重的线性组合，而训练的目的是找到理
想的权重来完成线性公式。为了使线性算法有效地工作，所有特征都应该规范化，
以免一个特征相比其他特征会对结果产生更大的影响。一般情况下，线性算法的
训练成本低，预测速度快。鉴于其固有的线性特征，它们也能随着特征数量和训

练数据集的大小而很好地伸缩。还要注意，线性算法会对数据集进行多次处理。因此，如果数据集的大小允许，就可以考虑把它缓存在内存中以获得更好的训练性能。

这里选择的是 SdcaMaximumEntropyer 训练器。该算法接收包含已知答案的（数值）列的名称和包含所有输入值的（而且恰当创建的）列的名称。

```
var trainer = mlContext
    .MulticlassClassification
    .Trainers
    .SdcaMaximumEntropy("IndexOfArea", "Features");
```

SdcaMaximumEntropy 是 SDCA 算法的校准版本。如果不是特别在意特征属于某个类别的概率，可以考虑选择非校准版本。

转换回文本

管道上还缺失最后一环。在数据处理管道的初期，目标类别的名称使用 MapValueToKey 转换器变成了数字。我们现在需要在训练管道中添加相反的功能，使预测的数值（之前分配给任何目标类别的索引）可以转换回我们人能看懂的名称。

```
// 将预测的标签的索引映射到预测类中分配了 [PredictedLabel] 特性的属性
var trainingPipeline = dataPipeline
    .Append(trainer)
    .Append(_mlContext.Transforms.Conversion.MapKeyToValue("PredictedLabel"));
```

调用 MapKeyToValue 即可完成反向转换。

对模型进行评估

SDCA 算法综合了逻辑回归和 SVM 算法的几个优点，大多数情况下都非常适合多分类问题。但是，如何判断一个多分类模型是否最适合当前的问题呢？让我们用一些指标来说话。

```
// 训练模型
ITransformer model = pipeline.Fit(trainingDataSet);

// 抓取一些指标
var testMetrics = mlContext
    .MulticlassClassification
    .Evaluate(model.Transform(testDataSet));
```

Evaluate 方法返回一个 MulticlassClassificationMetrics 对象。表 5.6 总结了该对象报告的一些最常用的指标。

表 5.6   多分类的一些指标

属性	说明
ConfusionMatrix	返回分类器的混淆矩阵
LogLoss	表示为每个类别计算的对数损失值的平均值
LogLossReduction	表示分类器对随机预测的优势百分比
MacroAccuracy	表示为每个类别计算的 F1 分数的平均值
MicroAccuracy	表示模型所做的所有预测的 F1 分数
PerClassLogLoss	获取分类器在每个类别中的对数损失

无论微观准确率（MicroAccuracy）还是宏观准确率（MacroAccuracy），指的都是精确率（precision）和召回率（recall）的调和平均值（F1 分数）。微观准确率针对的是整个预测集，而宏观准确率考虑的是单独的类。一般来说，如果有一个大型数据集，而且存在较严重的类别不平衡的现象（即一个类别的例子比其他类别多太多），那么微观准确率更佳。相反，如果想要评估模型在各种类别上的性能，包括那些在训练数据集中出现次数很少的类别，那么宏观准确率更有意义。

LogLoss 指标衡量的是分类器结果的平均不确定性水平。该值越低越好。理想的最低值是 0。图 5.4 展示了为样本数据集中的所有类别报告的一些 LogLoss 值，平均为 0.91。

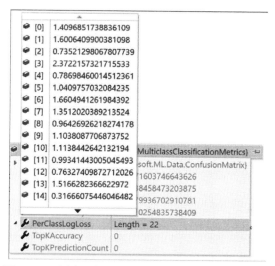

图 5.4   示例应用程序中所有类别的 LogLoss 指标值

"准确率"（accuracy）指的是产生的误差的数量，而"损失"（loss）更多指的是误差的质量以及这些误差有多大。因此，低的宏观准确率和高的损失表示大量数据都出现了大的误差，这是最糟糕的情况。相反，低的准确率和低的损失表示大量数据出了小的误差。在高准确率的情况下，虽然出现误差的情况变少了，但"损失"有多大，误差就有多大。

理解混淆矩阵

评估分类器性能的另一个工具是混淆矩阵（confusion matrix）。如图 5.5 所示，该矩阵将预测和标签结合到一个方阵的行和列上。

		类别		
		绿	橙	红
预测	绿	5	2	0
	橙	3	3	2
	红	0	1	11

图 5.5   多分类器的一个示例混淆矩阵

其中，列值（例如"橙"）表示该类别的元素被预测为任何行值的次数。这个图的矩阵表明，一个"橙"的输入被识别为"绿"2次，识别为"橙"3次，识别为"红"1次。MulticlassClassificationMetrics 对象公开了一个名为 ConfusionMatrix 的属性，它负责收集这样的一个矩阵的所有值。示例应用程序的矩阵（方阵）是 22 乘 22 大小。该矩阵由一个名为 ConfusionMatrix 的 ML.NET 类来表示。该类具有一些预定义的属性，可以针对每个类别计算精确率和召回率。表 5.7 总结了这些属性。

表 5.7　混淆矩阵的属性

属性	说明
Counts	返回由数组构成的一个数组，其中每个元素都引用矩阵的一行，是在这一行上由矩阵每一列的数值构成的数组
NumberOfClasses	表示矩阵的大小（行 / 列数）
PerClassPrecision	返回一个数组，其中包含为每个类别计算的精确率
PerClassRecall	返回一个数组，其中包含为每个类别计算的召回率

注意，"召回率"表示模型预测到真实正例在整个数据集的真实正例中的占比，而精确率是指模型预测到的真实正例在预测到的正例中的占比。例如，假设一个数据集包含 10 只真正的猫的图像（数据集的真实正例），但模型只识别了 7 只猫（预测到的正例），而且其中只有 4 只才是真正的猫（预测到的真实正例），另外 3 张可能是被误认为是猫的兔子。在这种情况下，模型的精确率是 4/7，而召回率是 4/10。

设置客户端应用程序

前面图 5.2 展示了一个使用二分类器的示例应用程序。现在对同一个应用程序进行扩展，在其中集成一些触发多分类器的行动，如图 5.6 所示。

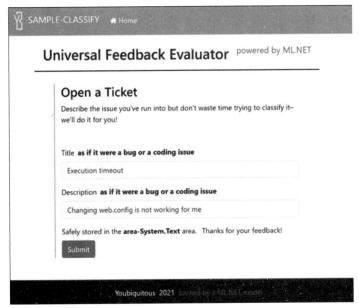

图 5.6 ASP.NET 应用程序中的多分类

用 ASP.NET 写的网页中包含一个 HTML 表单，它将数据 post 到一个控制器行动方法，再由后者调用训练好的模型。

```
// 从属于一个控制器类的方法，其中注入了所有必要的预测引擎
public IActionResult SuggestTicketClassification(SubmittedTicket input)
{
    // _service 对象是一个辅助服务类的实例，它通过构造器接收对预测引擎的引用
    var response = _service.MulticlassPrediction(input);
    return Json(response);
}
```

response 变量是由以下代码创建的 TicketPrediction 类的一个实例：

```
// 该方法从属于从控制器调用的一个服务类
public TicketPrediction MulticlassPrediction(SubmittedTicket input)
{
    var modelInput = new TicketData
    {
        Title = input.Title, Description = input.Description
    };
```

```
// 该方法从属于的服务器通过构造器接收以下 _ticketEngine 对象

// 预测类
var prediction = _ticketEngine.Predict("SampleClassify.Ticket", modelInput);
return prediction;
}
```

TicketPrediction 类的定义如下所示:

```
public class TicketPrediction
{
    [ColumnName("Score")]
    public float[] ActualScores { get; set; }

    [ColumnName("PredictedLabel")]
    public string Area { get; set; }
}
```

序列化成 JSON 后,浏览器加载 TicketPrediction 的一个实例,并产生图 5.6 所示的输出。

管理多个预测引擎池

本书之前讲过,在服务器和多线程环境中(如 ASP.NET),使用预测引擎对象池对性能帮助很大。然而,每个应用池都是以输入和输出类别来严格定义的。如果有多个具有不同输入和输出类别的模型,应该怎么办?

在这种情况下,不能在 Startup.cs 中对 AddPredictionEngine 中间件进行多个不同的调用。但是,可以借助于以下方法。

```
services.AddPredictionEnginePool<SentimentData, SentimentPrediction>()
    .FromFile(modelName: "SampleClassify.Sentiment", filePath: mlSentiment
ModelPath)
    .Services
    .AddPredictionEnginePool<TicketData, TicketPrediction>()
    .FromFile(modelName: "SampleClassify.Ticket", filePath: mlTicketModelPath);
```

最后注意,FromFile 方法有一个重载版本,它监视模型文件路径的变化。另外还有一个配套的 FromUri 方法,它可以从一个 URL 加载模型。

5.5 机器学习深入思考

回归和分类几乎涵盖了所有实际的问题。对于这些问题，可能需要一个更智能的解决方案。尤其是分类，它是一个巨大的领域，包含无数个实际的问题，例如二分类、多分类甚至多标签分类。

作为用户，当网页表明它理解你的输入，并提供正面或负面的反馈，或者对你的工单进行一些自动（希望是忠实的）分类时，你会有一个更愉快的体验。作为开发人员，这主要要求熟悉更多的类和方法，并会利用别人（或你的团队）创建的模型。最后，作为数据科学家，这主要关于的是拥有的数据以及如何思考转换。但就像以前说过，这里还是存在一个基本的问题：这足以说明你在自己的应用程序中使用了 AI 吗？同样，答案视情况而定。

是的，你是在利用 AI，因为你正在使用通过机器学习来训练的模型。但又不是，因为你只能做一些小的事情，结果是只能用单一的浅层学习算法来完成一些基本的任务。

5.5.1　分类的多面性

分类最终是一个容易掌握的概念。它是一个建模问题，即针对给定的样本数据，预测它在特定上下文中所属的类别。从纯建模的角度看，分类需要的只是一个训练数据集，其中有大量输入和输出的例子可供学习。

也就是说，你应该知道，没有一个已知的超级理论可以解释如何映射算法和分类问题。因此，一般建议每个人都从实验开始，发现哪种算法和相关配置会为当前问题提供最能接受的性能。

每个人？包括专家吗？

是的，尤其是专家，因为他们知道没什么是容易的，只能朝着现实中合适的预测对输入进行建模。

分类是一个非常通用的术语，越是提高抽象层级，模型的分类就越复杂。判断一封电子邮件的文本是否该归入"垃圾邮件"文件夹是一回事，对图像或视频帧进行分类则是另一回事。两者虽然在概念上是相同的分类任务，但底层数据（及其内部的复杂性）完全不同，因而方法也完全不同。

现在，让我们重新考虑一下本章用基本的逻辑回归算法解决的情感分析问题。

如果只是想为在你的网站上留下评论的人一些漂亮的视觉反馈（或者出于内部目的而获得快速而朴素的好 / 坏反馈计数），这可能就足够了。但是，如果整个公司的运作都依赖于自动情感分析呢？比如说，客户关怀服务！

5.5.2　情感分析的另一个视角

情感分析当然可以用浅层学习算法来解决，不管使用的是逻辑回归训练器还是 SVM。如果想要一个更准确的答案，能提供多种层次的情感，如差、平庸、合格、好、伟大或杰出，那么 SVM 是一个很好的选择。如果只需要二元的答案（例如好或坏），那么逻辑回归就可以了。

在这两种情况下，答案的质量主要取决于训练数据集的大小。然而，浅层学习算法可能无法正确处理修辞手法，例如委婉的（euphemisms）、间接肯定的（litotes）、夸张的（hyperboles）、矛盾的（oxymorons）以及一般来说任何含蓄（understatement）或夸大（overstatement）的说法。

无论如何，浅层算法和深层算法之间在学习能力上存在明显的差异。可以肯定的是，神经网络有潜力比其他任何算法家族都能预测出一个更准确的答案。情感分析是一类微妙的问题，在这个问题上，过于"聪明"的答案有时反而毫无意义。因此，如果答案的准确率对于基于答案的决策至关重要，神经网络似乎是比普通分类器更明智的选择。

基于神经网络的解决方案在成本上肯定高于浅层算法的成本。但是，如果着手进行浅层开发，而你几乎没有得到期望的质量，那又该怎么办？当然可以一条路走到底，把螺丝拧紧点，给齿轮上上油。但是，所有这些都会带来额外的成本，所以何不如痛定思痛，提前止损？

机器学习没有固定的规则，一切都要多做实验，并视情况而定。

5.6　小结

本章介绍了 ML.NET 支持的两个机器学习任务：BinaryClassification 目录和 BinaryClassification 目录。在简要介绍两者的公共 API 后，我们体验了训练和使用机器学习模型的典型工作流，该模型利用了这两个目录任务提供的服务。

5.1 节讨论二分类，讲述了一个情感分析问题的数据加载、验证和特征工程。然后，指出了支持的算法及其优点和缺点。最后讨论了模型的打包和在 ASP.NET Core 应用程序中的使用。

5.2 节讨论多分类问题，我们针对这个系列的问题讨论了同样的工作流和步骤。

最后，5.3 节深入探讨了情感分析问题，特别是糟糕的预测如何影响到人们（如高管）出于业务原因而必须做出的决定。对极其准确的预测的需求（不是说所有业务上下文都需要这样）注定了实际的解决方案必须要走向神经网络。

下一章将讨论聚类问题。

第 6 章

聚类任务

> 为了谨慎起见，那些已经骗过我们的东西，我们绝不要完全加以信任。
>
> ——勒内·笛卡尔 [①]

对数据进行分类有许多不同的方法，每种方法都有自己的优缺点。ML.NET 支持其中相当多的方法，并用原生的训练器来实现它们。在第 5 章中，我们使用逻辑回归和随机双坐标上升（SDCA）算法对数据项进行分类。但是，有时还有其他更有效的算法，特别是支持向量机（SVM）算法。SVM 和之前提到的算法有一个共同点：针对训练期间处理的每一行，它们需要知道预期要预测的是什么值。

但在某些情况下，数据集缺乏任何事先存在的知识供分类器学习。在这些情况下，出于业务上的考虑，我们有时需要将数据归入可能是同质的组别。这时就该无监督学习算法上场了。

聚类（clustering）是一种无监督的机器学习技术，它尝试将数据行划分为由被认为在某种程度上相似的元素构成的组别（称为"聚类"）。我们事先不知道这些组是什么样子，并以此为前提开发聚类的行动。换而言之，你希望聚类技术能告诉你数据集中可能相关的数据行的分组情况。

本章将利用 ML.NET 的原生工具来实现聚类和无监督学习。

6.1 聚类 ML 任务

前面所讨论的分类和回归方案中，生成的模型会将输入特征与预期结果联系起来，让隐藏在数据中的任何一种结构化模式浮现出来。但是，聚类却完全是另一回事。

[①] 译注：选自 1641 年出版的《第一哲学沉思集》。笛卡尔是法国著名哲学家、物理学家、数学家、神学家，对现代数学的发展做出过重要的贡献，被誉为"解析几何之父"，二元论的代表，提出"我思故我在"以及"普遍怀疑"的主张。

6.1.1 无监督学习

在某种程度上看，聚类算法执行的是一种创造性的工作，因为要由它们来自主决定如何将数据行分成指定数量的组。根据算法与其他数据行的关系，数据行被归入一个给定的聚类（cluster）。在这种情况下，"无监督"（unsupervised）特指算法在无人监督的情况下进行，并返回一个"要不要随你"的输出（take it or leave it）。不同聚类算法的区别在于应用于数据行分组的距离的定义以及这些组的大小。

聚类返回划分到给定数量的聚类中的行，但每个聚类都没有标签，只通过索引来标识。这意味着最开始可能无法明确分组依据。此时，需要由数据科学团队找出每个聚类中所有行的共同点，并给每一组贴上有意义的标签。

有两类宏观的无监督算法：一类需要接收聚类数量作为超参数，另一类既能对数据行进行划分，又能自行确定理想的分组数量。值得注意的是，返回的聚类总是形成一个分区（partition），这意味着整个数据集都要被覆盖，而且每个元素都恰好从属于一个聚类。

6.1.2 了解可用的训练数据

为了演示 ML.NET 聚类任务的能力，我们使用了 Kaggle 上的一个样本数据集（参见本书配套资源）。该数据集是一个以逗号分隔的 CSV 文件，包含对客户数据进行一些初步处理后的结果，只从原始数据存储选择几个列并计算汇总列。尽管如此，所有客户现在都属于一个独特的组别，可以在此基础上细分为特定的配置文件。

客户细分

客户细分是一种典型的营销活动，它要求将客户划分为不同的组别。细分背后的逻辑取决于多个方面的因素，但始终与公司的业务需求保持一致。细分的目的是通过量身定制的活动来锁定每组客户。本章使用的数据集代表的是某商场的顾客，顾客根据性别、年龄和年收入来描述。

此外，每个客户都分配了一个表示消费能力的计算分数。在数据集中，消费能力（spending capacity）是一个 1~100 的数值，值越大表示消费能力越强。这个例子很好地展示了可以先将其他一些算法应用于数据集，并以原生数据存储顶部的一些内置视图为基础。

数据的模式

以下 C# 类设置示例 CSV 文件的列与属性之间的 1:1 对应关系：

```
public class MallCustomerData
{
    [LoadColumn(0)]
    public int CustomerID { get; set; }

    [LoadColumn(1)]
    public string GenderText { get; set; }

    [LoadColumn(2)]
    public float Age { get; set; }

    [LoadColumn(3)]
    public float AnnualIncomeInK { get; set; }

    [LoadColumn(4)]
    public float SpendingScore { get; set; }

    [LoadColumn(5)]
    public float Gender { get; set; }
}
```

你可能已经注意到，这个类用两个属性来引用匿名客户的性别：一个是名为 GenderText 的字符串属性，另一个是名为 Gender 的浮点属性。这是为什么呢？

进行持久化转换

Kaggle 上提供的原始文件只有性别这一列，其中包含字符串值 Male（男）和 Female（女），如图 6.1 所示。

1	Male	19	15	39
2	Male	21	15	81
3	Female	20	16	6
4	Female	23	16	77
5	Female	31	17	40
6	Female	22	17	76
7	Female	35	18	6
8	Female	23	18	94
9	Male	64	19	3
10	Female	30	19	72
11	Male	67	19	14
12	Female	35	19	99

图 6.1　在 Microsoft Excel 中显示的样本数据集

ML.NET 中的聚类算法需要浮点值，数据集中的原始数值必须转为浮点值。因此，Male/Female 字符串值必须先呈现为一个数字。但在这种情况下，就必须用两个不同的数字来表示 Male 和 Female。在这个例子中，我们可以认真地考虑在原始样本中直接转换一次，并持久存储下来，而不是拿到数据处理管道中反复地、动态地转换。所以，我们只需在 CSV 文件中增加一列，用 1 表示男性，用 2 表示女性。在 Excel 显示的 CSV 文件中，为新列添加一个 Excel 公式：

```
=IF(B2="Male", 1, 2)
```

下一步是将所有数值（整数）转换为浮点值。这也可以在 Microsoft Excel 中轻松实现。该数据集看起来很像图 6-2。最终的数据集如图 6.2 所示。

CustomerID	GenderText	Age	Annual Income (k$)	Spending Score (1-100)	Gender
1.0	Male	19.0	15.0	39.0	1.0
2.0	Male	21.0	15.0	81.0	1.0
3.0	Female	20.0	16.0	6.0	2.0
4.0	Female	23.0	16.0	77.0	2.0
5.0	Female	31.0	17.0	40.0	2.0
6.0	Female	22.0	17.0	76.0	2.0
7.0	Female	35.0	18.0	6.0	2.0
8.0	Female	23.0	18.0	94.0	2.0
9.0	Male	64.0	19.0	3.0	1.0
10.0	Female	30.0	19.0	72.0	2.0
11.0	Male	67.0	19.0	14.0	1.0

图 6.2　带有浮点列和分好类的性别信息的数据集

　　当然，也可以通过编码来构建一个转换管道以获得同样的结果（有时这样更理想）：

```
// 通过编程将数值列转换为浮点类型
var conversionPipeline = mlContext.Transforms.Conversion.ConvertType(new[]
{
    new InputOutputColumnPair("GenderAsFloat", "Gender"),
    new InputOutputColumnPair("AgeAsFloat", "Age"),
    new InputOutputColumnPair("AnnualIncomeAsFloat", "AnnualIncomeInK"),
    new InputOutputColumnPair("SpendingScoreAsFloat", "SpendingScore"),
},
DataKind.Single);
```

　　这样得到的管道必须附加到训练管道上，因为它不能直接链接到你可能需要的其他特征工程转换，特别是添加 Features 列。

将数据建模为类

　　如图 6.2 所示，训练时可能并不严格需要用到原始数据集中的两列：CustomerID 和 GenderAsText。后者的作用现已被名为 Gender 的数值列所取代。至于 CustomerID，关于实际客户的匿名信息可能需要在最后的聚类中维护，但对训练器没什么帮助。事实上，这一列带有（匿名的）身份信息，但没有对聚类有用的信息。

　　总之，下面是我们为 ML.NET 训练器准备的 C# 类的修订版。注意，不用于训练的 CustomerID 列保留了它原来的整数类型。

```
public class MallCustomerData
{
    [LoadColumn(0)]
    public uint CustomerID { get; set; }

    [LoadColumn(2)]
    public float Age { get; set; }

    [LoadColumn(3)]
    public float AnnualIncomeInK { get; set; }

    [LoadColumn(4)]
```

```
    public float SpendingScore { get; set; }

    [LoadColumn(5)]
    public float Gender { get; set; }
}
```

现在，原始数据源中的第二列（GenderAsText）没有被映射，因而将被忽略。

选定的数据集不是特别大，只有 200 行。此外，这也是我们所拥有的全部，也没有测试数据集。但注意的是，聚类是一类非常特殊的问题，更接近于典型的数据挖掘而不是机器学习。聚类是无监督的。所以，聚类训练算法并不会让你得到一个以后可供调用以便对输入数据进行预测的模型。聚类算法只是将数据以它认为合适的方式进行划分。真的不需要进行程序化的"留用"（holdout）并提取数据集以进行测试，也不需要应用更复杂的技术，比如在聚类场景中的 k 折验证。聚类就是跑一遍数据，然后由你检查结果。

鉴于此，数据的真正目的是什么呢？

聚类中数据的真正目的

外面大多数例子都将聚类视为一个机器学习算法家族。因此，例子演示了如何训练和保存一个模型，然后如何在稍后的一些输入数据上调用它以获得预测结果。ML.NET 网站上的一个教程就是这样。

它从一个非常流行的小数据集——鸢尾花数据集（Iris dataset）——开始，该数据集列出了 3 类鸢尾花共 150 个样本的花萼和花瓣长宽测量值，单位是厘米。有趣的是，鸢尾花数据集是由英国统计学家演化生物学家和遗传科学家罗纳德·费希尔[②] 在 1936 年收集整理的，用来演示测量在分类学问题中的应用。

从鸢尾花数据集开始，ML.NET 网站上的教程使用 *K*-Means 算法训练了一个模型，将其保存为一个 zip 文件，然后通过传递一朵鸢尾花的样本来调用它。虽然对理解 ML.NET 聚类任务的核心功能有好处，但这个例子更多的是强调无标签多分类，而不是聚类。以这种方式使用，可用的数据集发现了固定数量的聚类。

---

② 译注：Ronald Fisher（1890—1962），他对现代统计科学的主要贡献包括方差分析、极大自然统计推断和许多抽样分布的导出。

然后，模型将输入数据映射到由数值索引而不是由名称标识的这些聚类中的一个。

应该搞清楚的是，对于聚类场景，就只需要训练阶段。另外要搞清楚的是，输出不是一个可供重复调用的计算图。相反，输出是原始数据集的子集。这样的子集（聚类）是无标签的。换言之，之后要由数据科学团队对其内容进行理解，并为每个子集分配一个有意义的标签，从而将初始问题缩减为一个多分类场景。

如果最后有大量非结构化数据集需要理解，聚类就显得特别有吸引力。训练结束后，聚类算法检测到行与行之间的相似性并返回聚类。整个过程就是这样：聚类总是一个较长的机器学习管道的第一步，通常以某种多分类结束。

现在，让我们看看如何从商场的顾客数据中获得聚类。

6.1.3　特征工程

样本数据集固有的简单性使得数据转换阶段只需一个动作，也就是将输入列连接成单个数值数组。下面展示如何从 MallCustomerData 类的数据中获得 Features 列。

```
var pipeline = context.Transforms
    .Concatenate("Features", "Gender", "Age", "AnnualIncomeInK", "SpendingScore");
```

值得注意的是，在这种情况下，数据转换管道之所以如此之短，是因为我们直接对原始数据集文件应用了其他可能的数据转换。另一个原因在于问题本身的性质。聚类是为了数据细分，而要处理的数据通常是通过提取 - 转换 - 加载（ETL）过程从另一个数据存储中提取的。ETL 过程没有理由不返回可直接供机器学习训练的数据或者非常接近预期的机器学习格式的数据。

还要记住，用要处理的列的一个数值数组填充 Features 列是 ML.NET 的训练基础结构的一个严格要求。图 6-3 显示了训练期间 Features 列的值。

树状视图表示第一个数据集行的内容，其中有 Age（年龄）、AnnualIncomeInK（年收入，单位：K）、SpendingScore（消费能力打分）和 Gender（性别）等列。此外，该图还展开了以编程方式添加的 Features 列的内容。

可以看到，它是一个由上述列构成的数值向量。该向量是任何 ML.NET 训练器要实际处理的东西。

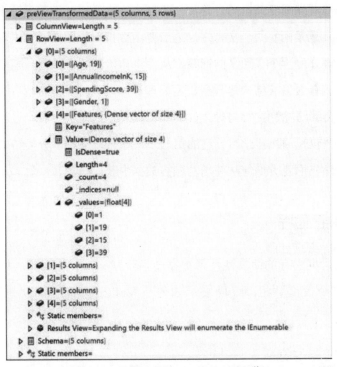

图 6.3　训练阶段的 Features 列预览

6.1.4　聚类算法

最流行的聚类算法是 *K*-Means。它有一个常用的变体 K-Modes。还有一个选择是 DBSCAN，或者更广义上的 OPTICS。

K-Means 算法

K-Means 算法的工作原理是在 K 个预先分配的聚类中以迭代方式移动数据行。迭代和移动的目的是确保每个聚类中的所有行都能均匀地围绕一个中心点。更具体地说，作为其初始化步骤，算法会选择 K 个行，并将每一行都设为一个聚类的中心。用这个算法自己的术语来说，聚类的中心称为"质心"（centroid）。

在初始化步骤之后，剩余的行以迭代方式分配给 K 个聚类中的一个。每一行都进入到该行与质心之间距离最小的聚类中。所有行都被分配完毕后，*K*-Means 重新计算每个聚类的新质心。质心现在被视为（虚拟）数据行，其中每个特征都等于该聚类中所有行的所有特征值的平均值。后续的迭代在聚类之间移动行，使每一行仍然从属于具有最接近的质心的聚类。该算法在固定迭代次数后，或者在没有行从当前分配的聚类中移走时结束。停止条件通常可以配置为超参数。

在 *K*-Means 算法中，行与质心之间的距离表示为 M 维空间中各点之间欧几里得距离的平方，其中 M 是数据集中的特征数。之所以要加入平方，是出于计算方面的原因，目的是保证最小化函数更快地收敛。

K-Means 是一种相对成熟的算法，从 20 世纪 60 年代就有了。尽管其最坏情况下的复杂性使其成为一个指数级的 NP 困难问题，但该算法一般情况下还是很快的，并能在多项式时间内收敛至一个合理的输出。但是，它不能保证可以收敛到全局最优。

K-Means 的实际性能及其响应的准确性还取决于质心的初始选择。出于这个原因，一些实现会用不同的初始条件来多次运行。虽然经常会随机选择初始质心，但并非一定是最好的选择。

K-Modes 算法

基于欧几里得距离，*K*-Means 算法需要通过连续的浮点值表达的特征。相反，*K*-Means 算法也支持分类值或者离散程度很大的数值。

两种算法的工作流程几乎完全一样，区别在于两方面。一个是使用的距离函数。另一个是在定义新质心时使用模式（mode）而不是平均值（mean）。（平均值是一组数值的平均值；模式则是一组值中最常见的数字）。

K-Modes 使用汉明（Hamming）距离的一种变体来测量质心与数据行之间的距离，称为相异度（dissimilarity）。在信息理论中，相异度将两个等长字符串之间的距离表示为有多少个位置存在不同的符号。

K 的（正确）值

在 *K*-Means 和 K-Modes 中，*K* 的值是一个超参数。挑选最合适的值有点像在黑暗中摸索。它理想的值将取决于可用数据的性质。但与此同时，特别是在你对数据不甚了解的时候，还是要使用无监督学习。

虽然听起来很奇怪，但通常还是要为 K 随机选择初始值，最好是一个像 3 这样的小数字，它会在经过几次尝试后会变大。然而，有一些方法具有更牢靠的数学基础，一旦获得数据集的第一个分区，就可以评估聚类数量合适与否。其中之一就是"肘部法"（elbow）。

肘部法的工作原理是计算每个聚类中的点与质心之间的距离之和。K 越大，距离收缩得就越大，因为更多的吸引点（质心）减少了每个聚类中的行间距离。然而，任何额外的聚类所产生的边际收益都会在某一时刻下降，这意味着已经到达了肘部，此时真正接近了数据集的最优 K 值。

另一种方法是"轮廓法"（silhouette），它使用一个指标来估计每个数据行在聚类中与同伴的关系如何。一个接近 1 的值意味着该行很可能拟合了理想的聚类；一个接近 -1 的值表明该行可能被放在了错误的聚类中。根据错误放置的数据行的数量，你可以决定是否增大 K 的值。

DBSCAN 算法

K-Means 和 *K*-Modes 都要求将聚类的数量 *K* 作为一个超参数来指定。这往往会是一个问题，特别是当你不知道可能隐藏于数据集中的（合理）聚类数量时。另一个系列的算法，即密度算法，可以在不需要事先设定固定聚类数量的前提下进行聚类分析。DBSCAN 是最流行的密度算法；OPTICS（在下一节讨论）是 DBSCAN 更一般的形式，它解决了 DBSCAN 的主要缺点。

DBSCAN 是指"带噪声的基于密度的空间聚类方法"（Density-Based Spatial Clustering of Applications with Noise），是一种相对较新的算法，20 世纪 90 年代末首次提出。基本思路是对位于一个由距离定义的邻居中的数据行进行分组。然而，即使是基于密度的聚类算法，也需要一个屏障来阻止（不可避免的）聚类数量激增，否则会达到每个聚类只有一行的"理想"效果。

固定的 K 值在 *K*-Means 和 K-Modes 算法中起到的是控制作用，而在 DBSCAN 中，起控制作用的是每个聚类所需的最小点数。在迭代过程中，聚类中元素数量少于最小值的行被视为离群值，并被移到其他聚类中。最小的点数称为密度（density）。建议把密度保持在 3 到数据集中的特征数量之间。

基于密度的算法的另一个可行的参数是接近度（proximity，也称为"邻域半径"）。接近度是指两个数据行被视为邻居所允许的最大距离（所有邻居可归为同一聚类）。在文献资料中，接近度经常被称为 eps 或 ε。

值得注意的是，在 DBSCAN 中，接近度和密度参数只能针对整个数据集设置。这导致了 DBSCAN 的一个主要缺点。事实上，如果设置对数据密度差异较大的数据集进行操作，该算法可能会失去准确性，如图 6.4 所示。

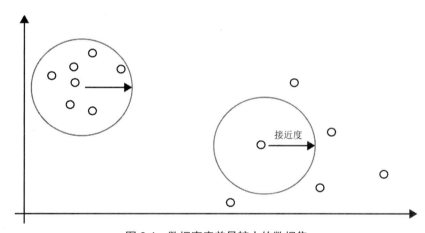

图 6.4　数据密度差异较大的数据集

在图 6.4 中，固定半径的圆将"DBSCAN 邻居"圈在其中。半径代表接近度。当数据集有非常稀疏的值时，为指定的接近度参数找到最合适（整个数据集范围）的值可能非常困难。从较高的层次看，这个数据集显然有两个组，但能理想地捕获第一个组的接近度值无法将所有剩余的点捕获到一个组中。另一方面，如果增大接近度参数，则可能把一些离群值添加到组中。

> **注意**　一个数据集怎么会出现差别如此大的密度？其实很简单。例如，只要某种数据采集的采样率在某个时刻发生变化就会造成这种现象。突然之间，就产生了更密集（或更稀疏）的数据点序列。理想情况下，你应该处理不同的数据集，或者选择一种能更好地识别具有不同密度的聚类的算法。

OPTICS 算法

OPTICS 是指"对点进行排序，以识别聚类结构"（Ordering Points To Identify the Clustering Structure），它可以被看成是对 DBSCAN 的一般化，专门用来解决密度多变的问题。为此，它允许接近度参数在每个聚类上动态增长，直到它至少可以达到预定的最小点数。因此，在数据密集的区域（例如图 6.4 左边的圆），接近度值会比数据集的其他区域小。

在这个算法中，接近度的概念（或 DBSCAN 中的 ε）演变成了核心距离（core distance），习惯上用 ε' 表示。核心距离是指使得一个对象（数据行）成为核心对象（被圈到一个聚类中，该聚类包含了预先定义的最小数量的元素，即密度）所需的最小半径。换言之，核心距离是 DBSCAN 的固定接近度的可变版本。因此，与 DBSCAN 不同，OPTICS 算法只有一个强制性的超参数，即密度或者说聚类中的最小行数。

> **注意**　OPTICS 的大多数实现仍然要求开发者指定最小接近度的值。虽然为了保证算法收敛性，该参数并不是严格要求的，但将其设置为一个合理小的值，可以减少算法的运行时间。OPTICS 的计算复杂度是。但是，如果不指定接近度，并被假设为无限大，计算复杂度则会增长到。

虽然 OPTICS 算法在密度多变的情况下更准确，但它比 DBSCAN 更耗费资源。它会占用更多的内存，并使用更昂贵的逻辑进行最近邻居查询。同时，它只依赖于一个超参数。

关于 OPTICS，需要考虑的另一个方面是，它并不返回一个行集合的数组。

相反，它只是提取一个排好序的可达距离（reachability distances）序列，然后将解释权留给开发人员，或者更可能留给数据科学团队。从技术上讲，可达距离是核心距离与两行之间距离这两者中的最大值。

6.1.5　合成训练管道

对训练程序的选择通常都很棘手，因为作为一名 ML.NET 工程师，你会有许多来自"智能感知"（IntelliSense）的选项，而且往往对各种算法的内部结构以及可用数据对于每种算法可能产生的影响了解有限。为了做出明智的选择，需要掌握一定的数据科学技能。

但是，就 ML.NET 的聚类而言，事情则要容易得多，因为提供的算法仅限于一种。虽然支持的算法数量在未来可能会增加，但目前的缺点是，如果唯一支持的算法（K-Means）不能很好地工作，你就必须自己编码（或许从某个开源的实现着手）。作为替代方案，可以使用 scikit-learn（其中提供了更多的聚类算法）在 Python 中构建并训练一个模型，并通过 NimbusML 模块将其导入 ML.NET。

> 注意　NimbusML 是一个 Python 库，它为 ML.NET 提供了绑定，使 scikit-learn 管道能平滑地集成到 ML.NET 代码中。因此，通过 NimbusML，可以访问 scikit-learn 的全部算法，包括那些在本地 ML.NET 包中缺少的聚类算法。

运行 K-Means 算法

在一个数据集上运行 K-Means 并不需要那么多行代码。只需要获得一个所选的训练器对象的实例，并将其附加到数据处理管道上，如下所示：

```
// 配置带有数据转换和训练器的管道
var trainer = mlContext.Clustering.Trainers.KMeans("Features", numberOfClusters: 5);
var pipeline = mlContext.Transforms
```

```
    .Concatenate("Features", "Gender", "Age", "AnnualIncomeInK", "SpendingScore")
    .Append(trainer);
```

在管道上调用 Fit 方法之后，即可生成训练好的模型。如果想把它保存到 zip 文件中，只需要添加前几章一直在用的代码：

```
var model = pipeline.Fit(dataset);
mlContext.Model.Save(model, dataset.Schema, modelPath);
```

我们已经反复提到训练算法由超参数（hyperparameters）来驱动。但是，我们还没有提供一个如何配置超参数的例子。每个 ML.NET 训练器都有一个重载的构造器来接收一个 Options 类。KMeans 训练器也不例外。有趣的是，超参数列表并不局限于常规算法的已知参数输入（聚类数、公差、最大迭代数），还包括 ML.NET 内部的训练器实现的专有可配置参数（内存预算、线程数）。

ML.NET 中的 *K*-Means 选项

在我们的示例代码中，为 *K*-Means 训练器显式传递了两个参数：特征列的名称和希望的聚类数量。但是，正如 KMeansTrainer.Options 类中所列出的，还有更多的参数可供选择。以下代码列出的是该类的默认配置；如果不另行指定，那么它们就是传给训练器的实际值。

```
// K-Means in ML.NET 所实现的 K-Means 算法的默认选项
var kmo = new KMeansTrainer.Options
{
    NumberOfClusters = 5,
    FeatureColumnName = "Features",
    MaximumNumberOfIterations = 1000,
    InitializationAlgorithm = KMeansTrainer.InitializationAlgorithm.KMeansPlusPlus,
    OptimizationTolerance = (float) Math.Pow(10, -7),
    AccelerationMemoryBudgetMb = 4096,
    NumberOfThreads = null,
    ExampleWeightColumnName = null
};
var trainer = mlContext.Clustering.Trainers.KMeans(kmo);
```

下面详细说一下这些选项参数。

如前所述，FeatureColumnName 设置了恰当创建的列的名称，该列包含要在训练模型时考虑的每一行的输入值。NumberOfClusters 属性指定所需的聚类数量。MaximumNumberOfIterations 属性为迭代次数设置了一个不可逾越的上限，达到此上限后，K-Means 算法必须停止并返回当前的聚类配置。InitializationAlgorithm 参数指定如何选择初始质心。ML.NET 为 InitializationAlgorithm 提供了三个选项，如表 6.1 所示。

表 6.1　支持的 K-Means 初始化算法

算法	说明
KMeansPlusPlus	默认值，表示使用 2007 年提出的 KMeans++ 算法，它被认为是最流行和最可靠的算法，能使传统 K-Means 发挥最大作用。事实证明，该方法重塑了 K-Means，使其提供的解最多只比最优解差 O（log K）
KMeansYinyang	这是一种较新的算法（由微软研究团队于 2015 年提出）。阴阳算法提供了显著的性能提升，其中的关键在于质心的初始聚类，它排除了大量后续的距离计算
Random	随机选择初始质心。这可能导致朝最优聚类潜在的不良的逼近

OptimizationTolerance 参数指定容许的公差，它可以确保训练器的收敛。算法在最大迭代次数后结束，或在没有数据行因足接近质心而需要移动时结束。这个参数设置的正是最小的可接受距离。

AccelerationMemoryBudgetMb 属性指定为加快算法速度而保留的最大内存容量。NumberOfThreads 属性是一个可忽略的整数，指定要使用的线程数，并给出了允许无锁并行化的衡量标准。默认情况下，训练器会自动计算该值。

最后，ExampleWeightColumnName 是 ML.NET 允许你指定的一个可选列的名称，该列用于为数据集中的每个数据列分配一个特定的系数（权重）。通过这种方式，你可以告诉算法对数据集的某些列赋予更多（或更少）的相关性。

6.1.6　设置客户端应用程序

根据设计，在 ML.NET 中，所有训练管道都返回一个有利于序列化和后期调用的转换器链。这一模式对于回归和分类等场景来说是很好的，对于聚类来说则不然。

进行聚类分析时，我们通常对序列化一组转换器不感兴趣，它们的目的不过是在以后未见过的输入数据上进行复制。相反，我们主要感兴趣的是对数据集的一次性处理，根据检测到的行之间的某些相似性返回固定数量的分区。

换言之，聚类算法的典型输出是一个文件列表，它构成了对原始数据集的一个分区（partition）。在 ML.NET 中，需要额外再写一些代码。

检查转换后的数据集

和本书其他章节不同，本章的示例代码不是一个 Web 应用。相反，示例代码只是我们这里讨论的训练器程序。它接收一个输入数据集，并创建许多文本文件，将原始数据集划分为指定数量的聚类。

```
// 运行 K-Means 并返回转换的数据集
var transformedDataView = pipeline.Fit(dataset).Transform(dataset);
```

上述代码首先构建一个模型（在给定数据集上训练的转换器链），然后将获得的转换器应用于相同的输入数据集。输出是一个"懒"（lazy）对象，你可以把它变成熟悉的 .NET 可枚举集合。

```
var enumerable = mlContext.Data
    .CreateEnumerable<MallCustomerPrediction>(transformedDataView, reuseRowObject:
false)
    .ToList();
```

图 6.5 展示了存储在 IDataView 类型的 transformedDataView 变量中的数据。该变量的实际类型是 ClusteringScorer，后者是 ML.NET 的一个内部类型，实现的是 IDataView。你在图 6.5 中看到的两个模式属性是 DataViewSchema 类型。有趣的是，在给定的顾客数据集上运行 K-Means 后，输出模式会包含 8 列：MallCustomersData 类中定义的三列加上 Feature 列以及 K-Means 算法生成的两个输出列（PredictedLabel 和 Score）。所有这些列都由输出预测类的属性进行约束。

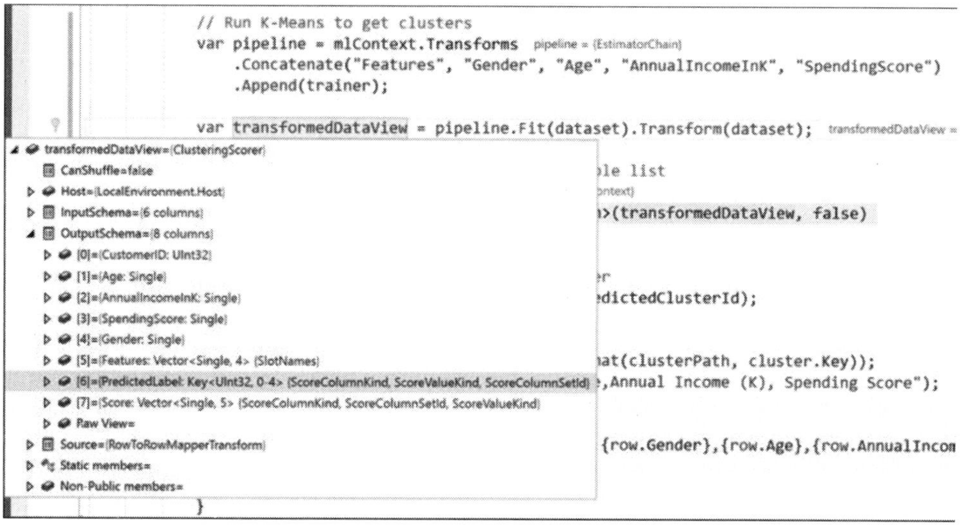

图 6-5　转换好的数据视图 (transformedDataView) 的模式

将输出列绑定到 C# 类

以下代码展示的 C# 类用于捕获转换好的数据集中的行。

```csharp
public class MallCustomerPrediction
{
    [KeyType(5)]      // 5 是聚类数量
    [ColumnName("PredictedLabel")]
    public uint PredictedClusterId;

    [ColumnName("Score")]
    public float[] Distances;

    // 从源数据拷贝列 ( 自动绑定到源数据 )
    public uint CustomerID { get; set; }
    public float Gender { get; set; }
    public float Age { get; set; }
    public float AnnualIncomeInK { get; set; }
    public float SpendingScore { get; set; }
}
```

自动生成的 PredictedLabel 列映射到自定义的 PredictedClusterId 属性，而另一个自动生成的 Score 列则映射到 Distances。其他所有列都是一对一映射到输出列，如图 6.5 的模式所示。

KeyType 属性指示 ML.NET 训练引擎将标记的整数属性视为 KeyDataView Type,后者是一个枚举值,范围从 1 到指定数字。这里的上限是要求的聚类数量。在本例中,PredictedClusterId 属性的取值范围是 1~5。

将聚类保存为单独的文件

下一步是使我们的代码能访问转换后的数据,并尽可能容易和有效地使用 .NET 可枚举集合和 LINQ 来操作它。以下代码可以从转换好的数据集中提取一个 IEnumerable 集合。

```
// 将转换的模型转换为一个 .NET 可枚举列表
var enumerable = mlContext.Data
    .CreateEnumerable<MallCustomerPrediction>(transformedDataView, reuseRowObject:
false)
    .ToList();
```

然后,利用 LINQ 的分组功能,我们很容易获得各不相同的数据集(每个聚类一个),它们已准备好以文本或 CSV 文件的形式保存到磁盘上。

```
// 为识别的每个聚类创建一个 CSV 文件
var clusters = enumerable.GroupBy(r => r.PredictedClusterId);
foreach (var cluster in clusters)
{
    var writer = File.CreateText(string.Format(clusterPath, cluster.Key));
    writer.WriteLine($"CustomerID, Gender, Age, Annual Income (K), Spending
Score");
    foreach (var row in cluster)
    {
        writer.WriteLine($"{row.CustomerID}, {row.Gender}, {row.Age},
            {row.AnnualIncomeInK}, {row.SpendingScore}");
    }
    writer.Close();
}
```

图 6.6 展示了训练程序结束时的输出文件夹。

名称	修改日期	类型	大小
Mall-Customers-Cluster-1.txt	2021/4/7 18:23	Notepad++ Document	1 KB
Mall-Customers-Cluster-2.txt	2021/4/7 18:23	Notepad++ Document	1 KB
Mall-Customers-Cluster-3.txt	2021/4/7 18:23	Notepad++ Document	1 KB
Mall-Customers-Cluster-4.txt	2021/4/7 18:23	Notepad++ Document	1 KB
Mall-Customers-Cluster-5.txt	2021/4/7 18:23	Notepad++ Document	1 KB

图 6.6　包含了刚才创建的聚类文件的训练文件夹

为同一个数据集以相同超参数多次运行聚类分析会发生什么？分区会保持不变，但聚类的索引可能会被打乱。图 6.7 展示了一个由训练程序创建的聚类文件中的内容。

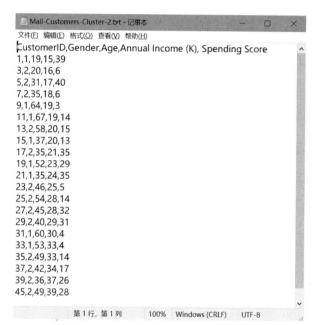

图 6.7　K-Means 算法创建的示例聚类文件

6.2　机器学习深入思考

为了深入思考聚类任务，我们就从图 6.6 列出的 5 个文本文件开始，每个文件都包含 K-Means 算法创建的原始数据集的一个子集。

6.2.1 第一步始终是聚类分析

由于现实世界中的大多数数据集（至少处于初始状态的那些）都是大而稀疏且结构不良的，所以聚类便成为了市场和商业分析师对数据进行初步扫描和挖掘数据见解的有效工具。正如本章所使用的样本数据集所证明的那样，聚类分析擅长做客户画像，无论是他们的消费能力、人口统计学还是地理位置。

聚类分析的应用领域几乎是无限的，从市场细分到社交网络分析，从检测任何形式的异常情况到文档分组。更一般地说，它适合任何需要对数据进行筛选、分组和/或排名的应用。

凭我们的经验，如果选择了机器学习，就肯定会在某个时候用到聚类。虽然ML.NET 将聚类作为一种算法任务来呈现，但现实是，聚类与其他所有任务（如回归、分类、排名等）都不同。从业务的角度看，聚类在某种程度上更接近于数据准备，而不是对特定问题的预测。在这个方面，它主要是机器学习任务的一种手段，而很少是目的。

尽管聚类可能从属于任何现实世界的机器学习管道，但它往往只是一个较长工作流的第一步。之前说过，在现实世界中，并不存在什么稍加训练就能投入生产的算法。事实上，即使任务可以很容易地匹配一个众所周知的任务（例如，回归、异常检测或分类），也需要一个多步骤的管道，并涉及多个机器学习模块。在这些模块中，几乎肯定会有一个聚类模块。

想要一个例子吗？

图 6.6 展示了从初始数据集创建的 5 个文本文件。这样，原始数据集就被分成了 5 个子集。我们可以认为 *K*-Means 检测到了每个子集中的数据行中的相关相似性。但每个子集都是没有标签的，目前只是通过索引来识别。应该从业务角度仔细分析每个聚类的内容，并定义恰当的标签以反映实际内容。在此之后，就有了一个完全加上标签的数据集，为标准的监督学习做好了准备。

6.2.2　数据集的无监督缩减

聚类解决的实际问题是帮助我们理解大型和非结构化的数据。所以现在想象一下，你已经有一个非常大的数据集，并计划通过一些经典的监督学习方式来训练它。数据集规模过大是一个很大的障碍。你可能没有足够的计算能力或时间来训练如此巨大的数据块。

这正是无监督学习开始发挥作用的地方。

除了聚类分析，还有其他一些技术可以简化数据集的结构，其中包括减少特征（列）的数量以及 / 或者行的数量。

减少特征数量

有两种互不排斥的方法来减少数据集中的特征数量：特征选择和特征提取。特征选择涉及一系列技术，它们的目标是选择看起来更相关的数据列。特征提取则是将更多的列合并成一个，或者增加新列，使其比现有的几个列更好地表示相同的信息。

如果不具备可靠的行业知识来确定某些特征的受限值，你可以使用多种技术，通过算法来评估某个特定特征的相关性。

- **热图**（heatmaps）　热图显示了一个特征与模型预期预测的目标值之间的相关性（correlation）。一个低的相关性表明该特征也许能安全地舍弃。

- **方差阈值**（variance threshold）　方差阈值照顾的是那些值总是落在有限范围内的特征。方差低于给定阈值的列可以被标记为删除。

- **相关性分析**（correlation analysis）　衡量两个特征的相关程度。如果它们看起来特别相关，那么只保留其中一个就能获得相同的模型准确率。

但有的时候，可能需要更深入地重构，而不仅仅是简单地删除几列。特征提取的重点是保持信息不变，同时减少承载信息的列的数量。下面是一些具体的技术。

- **稀疏数据的分组**（grouping of sparse data）　如果一个列有可分类的内容，你可能希望把一些不同的选项合并成一个更大的类别。

- **计算的特征**（computed features）　有的时候，分布于两个或多个列上的信息能安全地由一个新的列来表示，并且可以有一组新的值。此时，可以用一个新的列来取代所有这样的列。例如，假定一些列分别包含出租车费用和时间信息。你可能会决定，一个新的列能有效地表示同样的信息，而这些信息对当前的特定场景是有价值的。因此，可以用一个分类值来代替费用和时间，如短、中或长时间（打车）。

- **降维**（Dimensionality reduction）　一系列数据转换技术的总称，旨在通过算法将两个或多列压缩成一列。一个非常流行的技术是主成分分析（Principal Component Analysis，PCA），基本思路是将原本位于 N 维空间的数据集投射到一个维数较少的空间。但要注意，降维并不是简单去掉一些最不相关的列。相反，投影算法尝试线性合并多个列，通过数量较少的列呈现来相同的信息。这显然是一种有损转换，但还不致于对所生成模型的预测能力产生严重的影响。

使用聚类减少行数

如果数据集太大而无法进行有效的处理，那么如何在不改变数据集中的实际知识的情况下削减其中的行数呢？

可以对数据集跑一遍 *K*-Means（或其他无监督算法），以此方式得到行的大量聚类。*K*-Means 的成功记录保证了聚类中的数据具有足够的同质性。然后，从每个聚类中挑选几条记录，构建一个新的、更小的数据集。这可以保证你能得到一个较小的数据集，其同质性水平与原始数据集相同。

6.3 小结

本章讨论了无监督学习，并展示和评论了一些聚类算法。在各种已知的算法（类别）中，只有 *K*-Means 算法是由 ML.NET 原生支持的。

更重要的是，我们强调了无监督学习在机器学习项目中的作用。聚类的目的不是直接解决业务问题。更多的时候，它只是一个更长、更复杂的机器学习管道的初始步骤。有鉴于此，大多数训练一个聚类模型，然后将其作为普通分类器使用的教程和例子都是没有意义的。虽然它们仍然可以进行预测，但实际并没有解决任何现实世界的问题。

聚类最常见的场景是对一个数据集进行初步分析，得到假定是同质行的无标签聚类。然后，由人理解其内容，人为地添加一个标签列，并将原始问题重新表述为多分类的实例。

聚类并不是完美无瑕的。例如，处理大量的维度和大量的数据行会使任何解决方案因为时间的复杂性而变得不堪重负。此外，该方法的有效性取决于对"距离"的定义。除此之外，需要对目标领域（行业）有深入的了解。聚类算法的结果（通常是普通用户无法掌控的）必须由专家来解释，不同的人也许会有不同的解释。

第 7 章

异常检查任务

这种真理应该从概念中得出，而不是从符号中得出。

——高斯 [1]

在数据挖掘和机器学习中，异常检测（anomaly detection）是指在可能相当大的数据量中识别不寻常数据项的必要步骤。与此同时，许多高层次的业务问题可以被表述为"核心异常检测问题"的实例，例如检测网页中的机器人，发现销售报表中的离群（异常）值，标记可疑的欺诈行为，以及监测工业机器的健康状况。此外，在机器学习中，异常检测也被用来从数据集中去除离群值，以提高所训练的模型的准确率。

简而言之，异常检测是一类机器学习方法和算法的总称，旨在直接解决或作为更复杂的管道的一部分解决许多复杂的现实世界问题。在 ML.NET 中，这些方法被归入 AnomalyDetection 目录的编程接口下。

本章只关注异常检测，并介绍了尖峰（spike）和变点（change point）等概念。本章与第 8 章紧密相关，届时我们会讨论时序分析（time series analysis）。

7.1 什么是异常

虽然"异常检测"是一类特定的机器学习方法的统称，但在"异常检测"的常规定义之下，实际存在着各种各样领域特有的问题（通常是在一个有限和非常具体的业务背景下），例如欺诈检测、预测性维护或者像机器人和网络攻击这样的异常活动。

---

[1] 译注：来自 1801 年发表的《算术研究》。

然而，这种（复杂的）业务问题很难通过从目录中挑选和训练一个（数值）算法来解决。更切实际的，这些问题有时能在神经网络的管道中找到解决方案，有时则会被重新表述（然后解决）为回归或分类问题。

因此，与"回归"或"分类"等其他机器学习任务的名称相比，"异常检测"这一表述的含义很容易被扩大化地解释。一方面，异常检测涵盖了众多用于发现数据列中的异常值的统计技术。另一方面，在群体想象中，异常检测针对的是具体的业务问题。意识到这两个层次的抽象，对于寻找有效的业务问题解决方案至关重要。

说了这么多，让我们把重点放在已知的、用于识别给定数据集中的尖峰和离群值的数学方法上。

7.2 检查异常情况的常规方法

在数据流中发现的异常不一定标志着业已发生的事件。它们也可能是数据中某些新趋势的指标，例如机器的运作（表明可能即将发生的故障）或客户的行为（表示可能的商机）。

检测异常的前提条件是要有一个对系统以及 / 或者机器运行性能进行跟踪的大型数据集。基于这么大的数据量，所谓的"异常"（anomaly），是指记录的数据与寻常模式（usual pattern）的任何显著偏差。

7.2.1 时间序列数据

时间序列是在连续（可能是等距）时间点上按顺序采集的一系列值。时间序列的例子有：软件服务的审计日志、交易所一支股票的当天价格或者机械部件（如泵或涡轮机）中关键指标的历史状态。在其核心部分，时间序列的每条记录都由两个数据项组成：值及其发生时间。

什么是与寻常模式的偏差（deviation）？而更重要的是，我们如何定义"寻常模式"（usual pattern）？

寻常模式

为了使基线（baseline）能从时间序列数据中做出有根据的猜测，最初应定义好在特定业务背景下正常行为的含义。通常，这是通过一个或多个关键绩效指标（Key Performance Indicator，KPI）完成的。KPI 是任何被确定为有助于证明业务活动有效性的可测量的值。异常是指在某一特定时间点上记录的与 KPI 预期值的偏差。

然而，KPI 不仅仅是给定范围内的一个数字。KPI 需要放到特定的上下文中才有效。例如，销售额通常是企业健康状况的一个良好指标。但是，一个仅仅高于平均水平的数字不能表明一年中的每一天都会这样。例如，黑色星期五的销售额刚刚超过平均水平，这就不一定是一个好迹象，很可能没有遵循预期的趋势。

因此，"寻常模式"并不是简单的一对最小 / 最大线，在此范围外的一切都被认为"不正常"。对时间序列数据的深入分析应该也能认识到数据预期的周期性变化，例如一年中的某些时候销售额的显著增长。

异常检测系统应该关注到 KPI，而且由于它知道时间序列数据中的信息，所以应该捕捉 KPI 中那些真正的离群值，并显示不同程度的警报。严格地说，并不需要机器学习就能做有效的异常检测。专家系统（和人工打造的决策树）也许就能轻松完成这项工作。如果涉及的数据较少，那么使用简单的统计方法（如位于四分位距之外的数据），甚至专业人员自己过目一下，就足以有效地报告异常情况。

但不幸的是，数据可能以不同的方式偏离寻常模式，而企业需要对不断变化的趋势做出及时响应，这时就需要自动化的异常检测工具。

离群值的分类

广义上讲，异常值（或离群值）可以分为三个不同的类别。

- **点状异常值**（point outlier）　最简单和最直观的情况是，一个单一的数据实例被发现与数据集的其他部分相差太远。例如，一笔特别高的电费或者一笔不同寻常的信用卡消费就是点状离群值。

- **背景离群值**（contextual outliers） 假设你有一个避暑房。一年中大部分时间的用电量都很低，而有几周的用电量较高，比如说在 7 月份。如果盲目地只关注数字，那么明显变高的夏季用电量看起来就很奇怪。但是，如果考虑到那个时候有人住在房子里，那么它就是正常的。另一个背景异常值的例子是杂货店一年中的销售额。每位顾客每天平均 200 美元的销售额在假日季节可能被认为是正常的，但在一年中的其他时间则不是。更一般地说，离群值可能取决于背景，并遵循季节性模式。
- **集体离群值**（collective outliers） 集体离群值指的是那些单独来看既不是点也不是背景离群值的数据项。然而，如果作为一个集体来看，它们看起来很不寻常，并且与数据集中的其他数据项有明显的偏差。

图 7.1 展示了各种类型的离群值。点状离群值是在一个原本有规律的折线图中清晰可见的尖峰。背景异常值打破了折线图中某些重复模式的规律性。如图所示，在预期明显较高的地方出现了一个意外的低点。

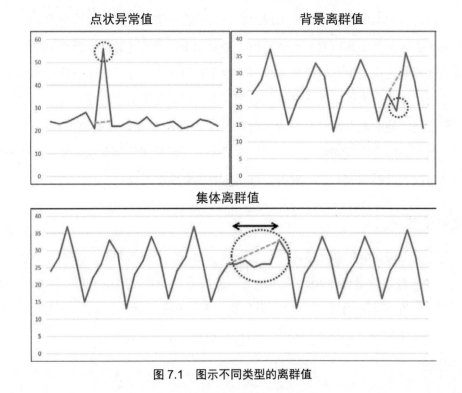

图 7.1　图示不同类型的离群值

至于集合异常值部分，注意所有绘制的数值都落在可接受的范围内，甚至没有突然打破一个重复的模式。但问题在于，脱离寻常模式的值持续了太长时间，这种偏差的广度（时间幅度）使其成为一种异常情况。

> **注意**　图 7.1 显示的虚线不仅仅是一种帮助理解为什么检测到异常值的视觉线索，它们还非常直观地解释了为什么异常检测算法将某些值标记为离群值。算法在内部跟踪预期的值，并测量其偏差！

7.2.2　统计技术

时间序列数据集通过非常频繁的数据采样而构建。例如，工业机器（如涡轮机、泵和电梯）中嵌入的传感器至少每几分钟就会保存其状态。状态通常由几十个信号构成。每个信号都构成了一个独特的时间序列。怎么检查数量这么大的数据呢？

有许多统计方法可以快速发现时间序列中的不规则现象。归根结底，这都是为了识别那些与某个众所周知的统计属性（如平均值、中值或模式）发生偏离的数据点。提醒你一下，平均值（mean）是一个数据序列中数值的均值，模式（mode）是出现频率较高的值，而中值或中位数（median）是一个已排好序的序列中的中间数。

然而，对数据的静态观察不一定准确，因为数据值可能因为偶尔的工作情况变化和不可预测的电子故障而出现随机的、短期的波动。移动平均线（moving average）是一种数据分析方法，它通过创建整个数据集中不同子集的一系列平均值来分析数据点。确定了移动窗口的幅度（amplitude）——也就是要考虑的作为子集的连续数据点的数量——之后，生成的时间序列将提供一个更稳定的数据视图，因为它平滑了短期波动并突出了长期波动。

有多种类型的移动平均线。最简单的只是使用在既定时间窗口内检测到的数值的算术平均值。更复杂的移动平均线会将一些权重分配给最近的值。指数移动平均线（exponential moving average）就是这种情况。

> **注意**　数据趋势是指，在一个时间序列中，数值如何随着时间的推移而增大／减小的指标，它可以是线性的、指数的或者稳定于某个点上的（阻尼趋势）。

7.2.3　机器学习方法

除了基本的统计技术，其他任何异常检测方法都属于机器学习的范畴，并可进一步划分为监督或无监督学习。

监督分类

第 5 章讲过，监督分类（无论二分类还是多分类）的基础是在数据集中有一个供判断真相的标签（Label）列。只要数据集用标签说明了什么是正常的，什么是不正常的，就可以把异常检测的具体问题表述为二分类或多分类问题。很容易理解，一个基本的正常／异常标签构成了二分类实例，而更多类型的异常行为的存在则构成了多分类实例。

异常检测的另一种监督方法是通过基于密度的探索算法来实现，其中最流行的是 *K*- 近邻（K-nearest neighbor，KNN）。KNN 假设相似的数据项共同位于一个相对较小的邻域中。因此，如果数据项代表的是一种异常状态，数据项之间的距离（"距离"的衡量标准取决于特定的数据类型）明显更大。

> **注意**　*K*- 近邻算法非常适合解决推荐问题（recommendation problems）。出于这个原因，我们将在第 9 章更详细地讨论它，这一章会详细讲述向用户推荐相关项时采用的各种最有效的技术。

无监督聚类

如果事先不了解数据，并且不可能（或者不实际）将数据项标记为正常或不正常，那么就需要采用无监督学习方法。第 6 章介绍了 *K-* 均值，并讨论了其他基于密度的聚类分析算法。在聚类的背景下，离群点（外点）是指不属于任何已确定的聚类的数据项。

局部离群因子（Local Outlier Factor，LOF）基于密度的算法，是一个有趣的变种，专门用于捕捉离群点。它和 DBSCAN 与 OPTICS（参见第 6 章）一样，基于相同的概念，如果一个数据项离其邻居的距离比其他每对邻居之间的平均距离更远，LOF 就会将其标记为离群点，如图 7.2 所示。

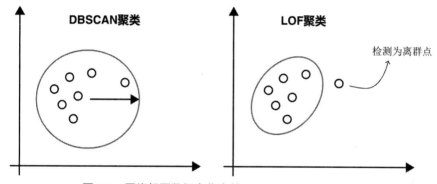

图 7.2　围绕相同数据点集合的 DBSCAN 和 LOF 聚类

在图 7.2 中，同样的数据集被渲染成由 DBSCAN 和 LOF 计算出来的聚类。可以看出，DBSCAN 将所有落在全局设定半径内的点都纳入了聚类，结果是检测不到离群点。相反，LOF 将聚类定义为由所有足够接近的数据项组成的非常密集的团。因此，只要有一个数据项离其他所有数据项稍远，就会被标记为潜在的离群点。换言之，DBSCAN 是对数据进行全局处理，而 LOF 进行的却是局部处理，并且（在某些情况下）可以比 DBSCAN 或 OPTICS 更精确。但与此同时，我们要提出一个疑问，即检测到的离群点是否真的应该被视为离群点？和往常一样，要视情况而定！

这时，隔离森林（Isolation Forest）可以派上用场。这种方法假设数据具有一个静态分布，统计模型可以描述这种分布，并将数值不在核定分布范围内的数据点标记为离群点。适用于这种方法的最流行的 ML 算法包括 *K*-Means 聚类、基于接近度的技术（如 Gaussian/Elliptic Envelope）、隔离森林（基于决策树的一类方法）以及一类支持向量机（One Class Support Vector Machine）。

半监督学习

已知什么是正常但缺乏对异常的准确定义，这样的算法也属于半监督学习（semi-supervised learning）的范畴。数据集包含被视为正常的数据项的标签，但可能遗漏了其他也可能正常的数据项的标签。

一般来说，应用于异常检测的半监督学习首先需要运行一个典型的监督算法来发现什么是正常的，然后用非监督方法（如 *K*-Means）将正常项与其他项分开。因此，半监督方法在正常数据非常充裕时运作良好，但很难发现异常数据。一个现实世界的例子是工业机器的故障检测。从技术上讲，这些情况被称为噪声去除（noise removal）或新奇点检测（novelty detection）。

准确地说，噪声去除和新奇点检测是有区别的。前者是指清除数据集中不需要或明显异常的观察结果的过程。在现实世界的监测系统中，这些观察结果可能是由于故障或偶尔的电力尖峰造成的。新奇点检测更关注的是发现数据中非常罕见的模式，甚至更好的是发现以前从未观察到的数据模式。

这种形式的半监督学习的流行算法是"一类支持向量机"（One Class Support Vector Machine，OCSVM），它是著名的监督算法"支持向量机"（SVM）的一个特殊的（无监督）变体。OCSVM 采用的逻辑与 SVM 的逻辑不同。它不是寻找一个超平面将数据集一分为二（在子空间之间留下尽可能大的边距），而是使用"超球面"（hypersphere）的概念来包括尽可能多的数据点。所有剩余的点都被标记为离群点。

7.3　异常检查 ML 任务

在本章的其余部分，我们将重点介绍 ML.NET 为异常检测问题而设计的功能，特别是 AnomalyDetection 目录所公开的一些方法。本章将重点讨论检测尖峰（异常数据点）和变点（时间序列的行为发生重大变化时的点）。

> **注意**　到目前为止，我们还没有提到过变点，所以现在就来定义它。在统计学中，变点（change points）是指一个时间序列的行为发生显著变化（更重要的是持续变化）的地方。变点不是简单的离群点，甚至不是一个集体的离群点。离群点是异常的观测值，甚至会在一定时间内重复出现。之后，时间序列会恢复到之前的模式。相反，一个变点设定了相较于先前认可的模式的一个明确的偏离。在变点检测中，我们用不同的方法进行离线检测（事后分析）和在线检测（流分析）。

7.3.1　了解可用的训练数据

本章将使用一个流行的时间序列数据集，其中包含三年的洗发水总销售数据。它与一个 ML.NET 异常检测教程所使用的数据集非常相似。

> **注意**　该数据集最初由澳大利亚莫纳什大学的统计学教授罗勃·海德曼（Rob Hyndman）创建，可以从 https://github.com/FinYang/tsdl/blob/master/data-raw/data/shampoo.dat 下载。注意，在这个 GitHub 仓库还有其他数量惊人的时间序列数据集。

单变量和多变量时间序列

在任何时间序列数据集中，所有数据项（如观测值）都是按照它们发生的时间排序的。这个顺序不可改变，是信息内容的一部分。通常，一个时间序列有两列数据：时间和值。这种简单的时间序列称为单变量时间序列（univariate time series）。

　　单变量时间序列很容易绘制，产生的图表直观而清晰地显示了数据趋势和可能的季节性线索。图 7.3 显示了直接从样本洗发水数据集的列值中建立的折线图。如你所见，这个单变量时间序列呈现出线性增长的趋势，并且由于高值和低值的连续出现而呈现出季节性模式。

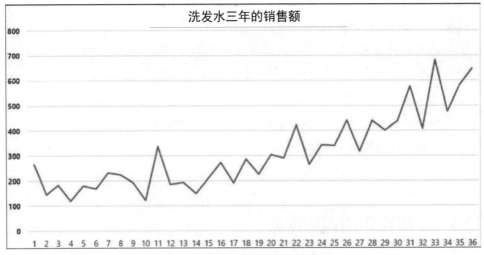

图7.3　洗发水销售额数据集的折线图

　　在多变量时间序列中，多个值以等距的时间间隔记录。风力发电机监测是使用多变量时间序列的一个好例子。在这种系统中，气温、气压、风速、风向、盐度和湿度以及其他大量机械参数数据每隔几秒钟就要记录一次。事实上，总共可能要记录超过 50 个不同的信号，往往每 10 秒 ~30 秒就需要捕获一次。

　　相较于单变量序列，处理多变量时间序列的技术要复杂得多，因为每个观察到的信号不仅取决于它过去的值，还取决于其他信号。问题不仅仅在于信号内部的依赖性可能导致的横向复杂性（特别是对多变量时间序列而言），在后续观测中可能发生的（交叉信号）变化的更高相关性也是一个问题。例如，风轮发电机的停机是一个奇异点异常。然而，为了有效地预测类似的风力发电机何时会发生故障，可能还需要看看过去一小时内多个相关值是如何变化的，以确定记录的停机是如何发生的。对于风轮发电机来说，查看间隔时间不宜少于 2 小时。

大多数现实世界的异常检测问题（如工业机器的故障预测、维修工作的有效调度、可疑的金融交易和网络攻击的检测）都基于大型的多变量时间序列。多变量时间序列是神经网络的最佳切入点之一。

数据的模式

洗发水销售的单变量时间序列是以 CSV 文件的形式提供的。表 7.1 以表格的形式显示了前几行，以方便阅读。

表 7.1　洗发水销售数据表的前几行

月份	销售额
1-Y1	266
2-Y1	145.9
3-Y1	183.1
4-Y1	119.3
5-Y1	180.3

我们用下面这个直观易懂的 C# 类来表示一个数据行的内容：

```
public class SalesData
{
    [LoadColumn(0)]
    public string Month { get; set; }

    [LoadColumn(1)]
    public float Sales { get; set; }
}
```

每个公共属性通过 LoadColumn 属性绑定到原始 CSV 文件中的序号列。

数据加载和特征工程

异常检测的 ML.NET 解决方案的工作方式与我们在前几章看到的其他例子有些不同。特别是，几乎不需要通过特征工程技术来进行列转换。在本例中，我们觉得需要进行一些数据转换，把序列中可能的整数转换为浮点数。

这里唯一要做的就是将源数据集加载到 IDataView 对象中,然后进入训练阶段。

```
IDataView timeSeries = mlContext.Data.LoadFromTextFile<SalesData>(
    _salesDataRelativePath, hasHeader: true, separatorChar: ',');
```

以前说过,IDataView 对象的内容也可以通过从数据库源或任何 IEnumerable 集合中读取来设置,比如从本地或远程端点读取的 JSON 数据。

7.3.2　合并训练管道

如前所述,异常检测是检测给定时间序列中与其他数值不一致的点的过程。这里的 "不一致" 和 "其他" 对于问题的不同实例来说会有很大的不同。我们稍后会回到这个问题上。

下面这个类描述了 ML.NET 算法在一个时间序列数据集上运行后的响应。

```
public class SalesPrediction
{
    [VectorType(3)]
    public double[] Prediction { get; set; }
}
```

基本上,来自 ML.NET 异常检测器的响应至少包含三个值,都存储在响应类的 Prediction 属性数组中。一个是 0/1 值(称为警报或 alert),表示特定的值是否应该被视为离群值。p 值表示当前值是离群值的概率。被返回的第三个值是实际的原始值(称为分数或 score)。

让我们看看如何使用 ML.NET 工具来检测尖峰和变点。

> **注意**　没有什么特别的原因要求预测结果必须进入一个双精度数组,而不是成为不同的属性。ML.NET 就是这样设计的。

检测尖峰

尖峰（spikes）离群点，是在标准数据流中的一个临时峰值（无论高低）。检测尖峰最简单的方法是扫描时间序列值，查看数值的密度。计算密度估计值的准备工作是由 DetectIidSpike 方法完成的。注意，这是 Transforms 目录对象的一个扩展方法，需要安装额外的 Microsoft.ML.TimeSeries NuGet 包。

名称中的 IID 代表独立同分布（independent and identically distributed）的随机变量，这意味着时间序列中的值被假定为彼此独立，并且在采样率上间隔相等。以下代码返回一个估算器（estimator），它为计算获得尖峰所需的密度估计值设定了依据。

```
var spikeEstimator = mlContext.Transforms.DetectIidSpike("Prediction", "Sales", 95d, 9);
```

该方法还没有对任何物理数据做任何物理性的工作。它只是接收要添加到预测中的输出列的名称以及包含了时间序列值的输入数据集中的列的名称。

至于最后两个数值，前者（95）是范围在 0~100 内的双精度值，指定任何检测到的尖峰的"置信度"。后一个参数（9）是在计算给定的行属于尖峰的概率时，所用的滑动窗口的大小。如果该值为 9，概率（p 值）就指定了 9 个值的滑动窗口。

DetectIidSpike 方法还接受第 5 个参数，这是一个来自 AnomalySide 的枚举值。该枚举值接受 Negative、Positive 和 TwoSided（默认），后者的意思是同时检测负的或正的尖峰。

```
// 在实际传递的数据模式上训练估算器
ITransformer detector = spikeEstimator.Fit(timeSeries);
```

还需要一个转换步骤，在这个步骤中，尖峰估算器的内部结构要根据它处理的数据的模式进一步修改。注意，尖峰检测的这个特定的实现并不是真正意义上的监督式学习。我们没有训练器通过典型的训练和测试步骤来生成一个模型，并在之后调用该模型来预测新数据。它看起来更像是以无监督的方式跑一遍时间序列，从而识别尖峰。

前面显示的对 Fit 方法的调用可以通过不传递真实的时间序列来得到极大的简化；取而代之的是，传递一个空的数据视图即可。事实上，该方法并不在数据上工作；取而代之的是，它只需要知道数据模式就可以了。为了在运行过程中节省一些内存，我们可以传递一个空的可枚举对象。

```
// 创建一个空的、仅包含模式的数据视图
var emptyView = mlContext.Data.LoadFromEnumerable(new List<SalesData>());
// 获得一个进一步修改的转换器
ITransformer detector = spikeEstimator.Fit(emptyView);
```

现在，准备处理实际的时间序列值。返回的数据视图包含额外的列来包含对警报和 p 值的估计值。

```
var transformedData = detector.Transform(timeSeries);
```

为了做进一步的分析，甚至可以将数据视图保存到文本文件中，就像第 6 章对 K- 均值算法的聚类所做的那样。

```
// 从数据视图提取一个 .NET 可枚举对象
var analyzedSeries = mlContext
    .Data
    .CreateEnumerable<SalesPrediction>(transformedData, reuseRowObject: false);

// 将输出保存到 TXT 文件
var filename = string.Format(outputPath, "spikes");
var writer = File.CreateText(filename);
writer.WriteLine($"Value\tAlert\tP-value");
foreach (var row in analyzedSeries)
{
    writer.WriteLine
        ($"{row.Prediction[1]:f2}\t{row.Prediction[0]}\t{row.Prediction[2]:F2}");
}
writer.Close();
```

图 7.4 展示了检测到尖峰的文本文件的内容。该文件包含三列，其中的 0/1 标志列表示当前行是否被检测为尖峰（警报是否开启）。最后一列表示检测器对 0/1 警报的信心。该值是一个概率分布，越接近于 0，当前行就越有可能被检测器视为尖峰。

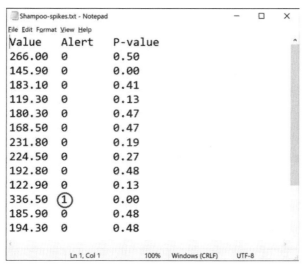

图 7.4　尖峰检测过程的输出

检测变点

在时间序列中，偶尔出现的尖峰可能只是一个技术故障的结果，例如一个电子传感器的临时故障。不过，偶尔的尖峰只是偶尔出现。如果一个尖峰持续了几个时间间隔呢？有两种可能。一种是在某一时刻，数值恢复到以前的正常状态。另一种可能是，数值倾向于重复并保持在尖峰周围，这表明数值发生了持续的变化，意味着发生了一个不同的数据趋势。后一种情况称为变点（change point）。

不过，持续时间过长的变点可能意味着将要发生一些相关的损害。例如，风力发电机如果长时间报告温度过高，那么可能会过热而造成冷却系统瘫痪，甚至导致火灾。发电机出现故障时，就不会输出电力，而这可能会为风电场运营商带来损失。

此时，一个能监测发电机内部温度的时间序列并能发现变点的软件模块就大有帮助。让我们看看 ML.NET 如何解决这个问题。

变点检测器的结构与上面的尖峰检测器几乎完全相同。首先但也是最重要的，需要用一个估算器来设定计算变点的依据。

```
var cpEstimator = mlContext.Transforms.
    DetectIidChangePoint("Prediction", "Sales", 95d, 9);
```

数值和尖峰是一样的。剩下的代码完全相同：

```
IidChangePointDetector detector = cpEstimator.Fit(emptyView);
var transformedData = detector.Transform(timeSeries);
var analyzedSeries = mlContext
    .Data
    .CreateEnumerable<SalesPrediction>(transformedData, reuseRowObject: false);
```

图 7.5 展示了跑一遍时间序列数据后输出到文本文件中的内容。

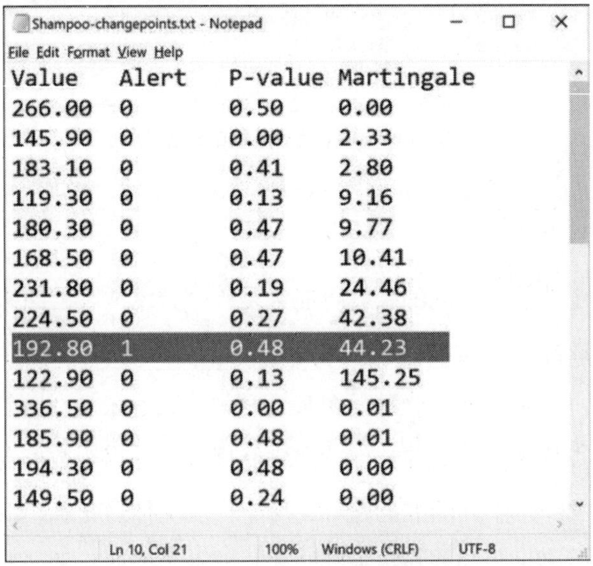

Value	Alert	P-value	Martingale
266.00	0	0.50	0.00
145.90	0	0.00	2.33
183.10	0	0.41	2.80
119.30	0	0.13	9.16
180.30	0	0.47	9.77
168.50	0	0.47	10.41
231.80	0	0.19	24.46
224.50	0	0.27	42.38
192.80	1	0.48	44.23
122.90	0	0.13	145.25
336.50	0	0.00	0.01
185.90	0	0.48	0.01
194.30	0	0.48	0.00
149.50	0	0.24	0.00

图 7.5　变点检查过程的输出

变点检测器也会在第 4 列返回鞅（Martingale score）。在 p 值的基础上，鞅检测“独立同分布”（IID）的数值序列的分布变化。超过阈值的计算值在内部被用来决定一个候选点是否真的是一个变点。DetectIidChangePoint 方法还需要两个额外的参数（就我们的例子而言）来配置鞅打分器。一个参数是打分器类型的枚举值（默认为 MartingaleType.Power），另一个是 power 鞅方法的阈值参数（默认为 0.1）。

使用 SSA 方法

我们使用的尖峰和变点检测器（基于 IID）在捕捉数据的季节性变化方面不是特别好。换言之，尖峰不管怎样就被检测为尖峰。另一种转换方法存在于同一个 NuGet 包 Microsoft.ML.TimeSeries 中，名为 DetectSpikeBySsa。

SSA 是奇异频谱分析（Singular Spectrum Analysis）的简称，它将时间序列分解为多个分量：趋势、季节性和噪声。此外，它还尝试预测时间序列未来的值。SSA 对时间序列进行频谱分析以发现任何周期性。在此过程中，它首先对数据进行内部转换，从基于时间的表示法转为基于频率的表示法。基于时间的表示法显示了一个信号如何随时间变化。而基于频率的表示法则显示了信号在一系列频率上是如何分布的。频域（frequency-domain）分析对发现一个信号的周期性行为特别有用。通常，我们用傅里叶变换从时域转换到频域。

ML.NET 支持为尖峰检测和变点检测使用 SSA。后者使用的转换方法名为 DetectChangePointBySsa。

使用 SR-CNN 服务

SR-CNN 是 Microsoft 专门为时间序列的连续观察而构建的一个服务，能在发现异常情况时即时发出警报。该方法专注于数据点的异常，但与迄今为止讨论的所有检测器相比，它的工作方式更趋于传统。换言之，你需要训练基于 SR-CNN 算法的模型，创建一个预测引擎，并传递实时数据来获得响应，从而判断值是不是一个尖峰。

SR-CNN 是指"谱残差和卷积神经网络"（Spectral Residual and Convolutional Neural Network）。它分两步对数据进行处理。首先，输入数据被 SR 无监督算法分组（内部使用快速傅里叶变换）。然后，输出被一个 CNN 处理，该 CNN 经过预训练，以监督的方式处理视觉显著性检测（Visual Saliency Detection）问题。视觉显著性检测是一个计算机视觉步骤，旨在寻找图像中的显著对象。具体来说，该服务将人工生成的异常标签分配给无监督的聚类（clusters），并通过一个 SR-CNN 作为有监督的算法来工作。

该方法有两个关键的创新。一个是将时间序列异常检测问题简化为视觉显著性检测问题。另一个是将无监督的 SR 算法与擅长显著性检测问题的预训练的监督 CNN 进行管道连接。

ML.NET 所用的代码如下所示：

```
var estimator = mlContext.Transforms.DetectAnomalyBySrCnn("Predictions", "Sales");
var model = estimator.Fit(timeSeries);
```

有许多超参数可供设置，包括为时间序列生成显著性地图的滑动窗口大小、添加到训练窗口后面的点的数量以及用于判断异常的阈值。

使用随机 PCA

主成分分析（Principal Component Analysis，PCA）是一个学习过程，旨在识别数据集的主要特征，以降低数据集的复杂性和维度。通常情况下，在运行 PCA 后，你会得到一个较小的数据集，其中有较少的新列。这些列是通过对原始列的某种数学合成来得到的。在 ML.NET 中，用于实现 PCA 算法的是 RandomizedPca 训练器，它使用奇异值分解（Singular Value Decomposition，SVD）技术，通过一个随机数生成器将矩阵分解为一个低秩矩阵（lower rank matrix）。

应用于机器学习，SVD（一种线性代数算法）的效果是将训练的时间序列缩减为一个显著事实（salient facts）的子集。训练器在模型中保存了三种信息。一个是投射矩阵，它用于将任何输入数据从原始空间转置到显著事实的低维空间。此外，训练器还在原始空间和缩减空间中存储了代表常态（normality）的两个向量。这些向量基本上是由这两个空间中的列的平均值构成。当模型针对生产期间的实时值被调用时，模型首先将输入值投射到浓缩了显著事实的缩减空间中。然后，计算出一个异常分数，它测量并从数学上结合输入值和原始空间和缩减空间的平均值之间的距离。0~1 区间内的异常分数越高，就越有可能是一个异常值。默认情况下的阈值为 0.5，如图 7.6 所示。

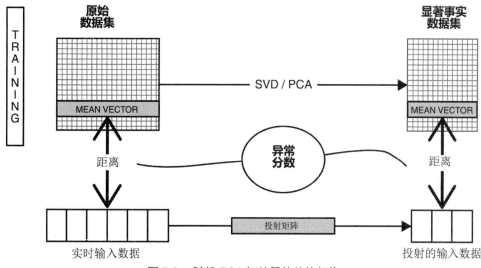

图 7.6　随机 PCA 训练器的总体架构

与前面讨论的大多数 DetectXxx 方法不同（它们是 Transforms 目录的扩展方法），RandomizedPca 是 AnomalyDetection 任务的 Trainers 目录所提供的一个方法。为了使用 RandomizedPca 方法，你需要遵循和之前描述的分类和回归任务相同的一种编程模式。首先是确定一个数据集；接着，构建一个数据处理管道，为其添加一个训练器，然后在上面调用 Fit 方法。完成这些操作后，要将保存的模型部署到生产中，并从中建立一个预测引擎来预测实时数据的异常情况。

> **注意**　RandomizedPca 以及本章讨论的其他方法采用的都是无监督学习的形式。然而，正如在稍后的"机器学习深入思考"一节中所讲到的，异常检测也可通过一种监督学习的形式来处理和解决。

7.3.3　设置客户端应用程序

前面说的尖峰和变点检测器可以很容易地集成到一个客户端应用程序中，该应用程序从一些外部来源接收一个数据序列。普通的检测器很容易在静态数据序列上工作（例如历史数据分析）。训练过的模型（例如用 SR-CNN 创建的模型）在实时分析中效果更好。

我们的示例 ASP.NET Core 应用程序将处理三年的静态洗发水销售数据，将其呈现为折线图，并根据需要突出显示尖峰和变点。该示例应用程序的特点是有一个控制器类，并公开了如下所示的三个方法：

```
public IActionResult Plain()
{
    return Json(ChartService.FromFile(_timeSeriesPath, "Shampoo Sales 3y"));
}
public IActionResult Spikes()
{
    return Json(ChartService.FromFile(_timeSeriesPath, "Shampoo Sales 3y",
        AlertType.Spike));
}
public IActionResult ChangePoints()
{
    return Json(ChartService.FromFile(_timeSeriesPath, "Shampoo Sales 3y",
        AlertType.ChangePoint));
}
```

Plain 方法读取时间序列数据并构建一个对图表友好的数据传输对象。与此类似，Spikes 方法和 ChangePoints 方法读取时间序列并计算变点，结果将嵌入一个 JSON 响应中。

在前端，一个由 Chart JS 库支持的折线图对象负责绘制由以下传输对象提供的数据。

```
public class ChartDescriptor
{
    public IList<string> Labels { get; set; }
    public IList<float> Values { get; set; }
    public IList<int> Alerts { get; set; }
    public string Title { get; set; }
}
```

Labels 和 Values 集合用于绘制图表，Alerts 则表示要突出显示的点。

下面展示之前的 FromFile 方法的实现，它读取时间序列，并使用本章前面描述的检测器计算尖峰和变点。

```
public static ChartDescriptor FromFile(string path,
    string title = "---", AlertType alertType = AlertType.None)
{
    var cd = new ChartDescriptor {Title = title};
    var lines = File.ReadAllLines(path).AsQueryable().Skip(1).ToArray();

    var salesData = new List<SalesData>();

    foreach (var l in lines)
    {
        var tokens = l.Split(','); var month = tokens[0];
        var sales = float.Parse(tokens[1]);
        var sd = new SalesData {Month = month, Sales = sales};

        salesData.Add(sd);
        cd.Labels.Add(month);
        cd.Values.Add(sales);
    }

    // 检查警报
    switch (alertType)
    {
        case AlertType.Spike:
            cd.Alerts = AnomalyService.GetSpikes(salesData);
            break;
        case AlertType.ChangePoint:
            cd.Alerts = AnomalyService.GetChangePoints(salesData);
            break;
        default:
            return cd;
    }
    return cd;
}
```

上述代码非常直观易懂：在读取时间序列的数据行后，FromFile 方法将每一行分解为列值（月份和销售额），并对数据进行更多塑形。绘制图表的标签和数值需要独立的数组，从检测器中提取尖峰和变点需要一个引用 SalesData 对象的列表。

AnomalyService 辅助类包含了与本章前面介绍的相同的核心代码。下面是一个示例方法。

```
public static IList<int> GetSpikes(IList<SalesData> series)
{
    var alerts = new List<int>();
    alerts.AddRange(FindSpikes(series));
    return alerts;
}

private static IList<int> FindSpikes(IList<SalesData> series)
{
    var mlContext = new MLContext();
    var emptyView = mlContext.Data.LoadFromEnumerable(new List<SalesData>());
    var spikeEstimator = mlContext.Transforms
        .DetectIidSpike("Prediction", "Sales", 95d, 9, AnomalySide.TwoSided);
    var dataview = mlContext.Data.LoadFromEnumerable(series);
    var detector = spikeEstimator.Fit(emptyView);
    var transformedData = detector.Transform(dataview);
    var analyzedSeries = mlContext
        .Data
        .CreateEnumerable<SalesPrediction>(transformedData, reuseRowObject:
false);

    // 通过 LINQ 查询获得警报行的索引
    var alerts = analyzedSeries
        .Select((r, i) => new {Row = r, Index = i})
        .Where(r => r.Row.Prediction[0] > 0)
        .Select(r => r.Index)
        .ToArray();

    return alerts;
}
```

图 7.7 展示了应用程序的输出。点击三个按钮之一，将获得同一个时间序列的三个不同的视图。

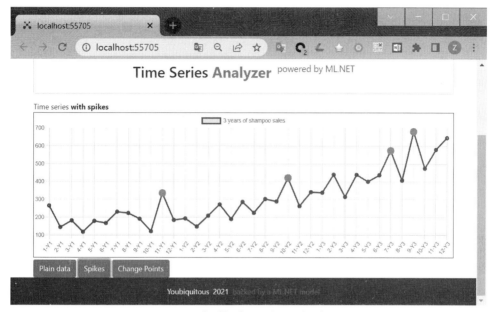

图 7.7　在时间序列上检测到的尖峰

7.4　机器学习深入思考

异常检测确实是最适合应用机器学习的领域之一。虽然抽象层次不一，但许多现实世界的问题都能有效地表述为异常检测的实例。在这里，抽象层次（level of abstraction）非常关键。

本章讨论了警报检测器和训练器，它们在时间序列上运行并返回与概率关联的 0/1 答案。这种 0/1 响应在特定的业务领域是否足够好？就像图 7.7 那样，了解图表中尖峰的位置是否足以实现业务目的？是否有足够的洞见？它是一个明确的答案，或者只是机器学习组件管道的一个输入？

最根本的一点，异常检测不是单一的机器学习问题，只有几个算法可供选择和训练。更多的时候，它关于的是预测（或只是识别）在特定时间窗口内出现的异常值序列。

一般来说，我们可以这样区分异常检测的三个不同的宏观影响区域：

- 监测工业系统的性能（无论发电厂还是 IT 部门）
- 监测商业交易的流程（如销售或金融业务）
- 检查产品的质量（如制造业或网站运行）

另一个需要考虑的关键参数是，旨在发现异常的分析是针对对历史数据还是对实时数据来分析发现的异常。如果是历史数据，那么面向统计的解决方案就非常不错。然而如果是实时数据，那么就建议使用机器学习方法。

让我们深入研究两个现实世界中的问题。

7.4.1 预测性维护

工业时代，机器不间断地工作，每一秒都会直接或间接地产生收入。如果一台机器坏了，谁都希望能够尽快修复好。这意味着要赶快派技术人员到现场来检查设备，诊断故障，可能还需要订购新的硬件，最重要的是，要在现场部署硬件。现在，如果事故发生位于山区的一个发电厂，而且还是在寒冷的冬季，怎么办？

预测性维护的最大挑战在于，每隔几秒钟就会有几十个不同的信号被记录下来。这需要跟踪大量的数据和相关的信号。

超越基于状态的分析

利用物联网传感器，我们可以跟踪机械和电子系统中的零部件状态。这意味着现在可以从基于日历（calendar-based）的维护转变为基于状态（condition-based）的维护。但这还不够。基于状态的维护的主要缺点在于，任何传感器都只报告一个信号，即使许多物理零部件都可能会影响到它。因此，这里需要一个更可靠的模型，由它来量化机器在任何时刻出故障的风险。简单地说，该模型必须能够关联多个信号，并监测一些业务规则和关键绩效指标（KPI）。

这可以通过一个可动态配置的并且依赖于人类专业知识的专家系统来实现。但这同时也是机器学习的一个诱人的应用领域。不过,一旦涉及机器学习,定义一个明确的目标就会变得至关重要。想清楚自己到底想让机器学习什么?

这里有几个选择:最小化停机时间和/或生产损失、优化操作调度和/或备件库存以及避免重大损失。如你所见,过去一般称为"异常检测"的东西已经变成了预测性维护,然后是其他五个选项中的一个(忽略其中的组合)。

回归还是分类

假设我们有兴趣尝试机器学习,以尽量减少停机时间并尽可能保持系统的正常运行。问题的角度发生了变化:它被表述为回归还是分类实例更好?

- **回归** 给定每隔 N 秒钟捕获的大量实时信号,该模型将预测在设备发生故障之前还剩下多少时间。
- **分类** 给定每隔 N 秒钟捕获的大量实时信号,该模型对设备进行分类:在下一个预设时间内会出故障、坏掉或正常工作。

从表面看,预测剩余使用寿命似乎能提供更准确的信息,但它需要大量的数据,特别在涉及故障时,因为系统需要从大量数据中洞察故障原因。问题在于,故障的数量通常非常小(记住新奇点检测),收集机器学习所需要的那么大的实例数量可能需要很多年的时间。

另一方面,了解设备在未来一个固定时间窗口的状态,可以用更少的数据返回更准确的信息。从商业角度来看,或许这才是能够接受的,因为它给出了设备在不远的将来会是什么状态,还留下了干预的余地。

不过,无论分类还是回归,在现实世界使用一个复杂的神经网络来获得答案都是必要的。例如,你可能想把良好状态的定义压缩到一个较小的信息块中,这就需要用到自动编码器神经网络。预测性维护是一个棘手的难题,只能针对特定的领域采用特定的方案,不管外面有多少教程号称可以用 1000 字来说明如何预测机械故障。

> **注意**　我们在每章末尾提供的"机器学习深入思考"小节，目标是提醒你注意：纸上谈兵并从训练中获得可接受的数字是一回事，但获得有用和贴近现实的数字却是另一回事。

7.4.2　金融诈骗

在这个场景中，信用卡支付与汇款操作不一样。前者的目的是检测盗刷和滥用信用卡资料的行为。而后者的目的通常是发现洗钱行为。欺诈性的信用卡操作有更多的典型异常，因为它通常涉及以下任何一项：不寻常的商品、不寻常的地点以及不寻常的金额。金融诈骗交易的定义更为模糊。它不是一个即期业务（spot operation），但应该被视为与其他业务相关联。此外，关于金融交易的响应必须基于公共或私人的阻止名单（黑名单）、现有银行专家系统的响应以及当地和国际法律所表达的指令。然而，这两种情况都有一个共同的解决方案架构。

响应的结构

交易校验程序的响应通常并不是一个纯粹的 0/1。更有可能的是，系统返回输入的交易属于多种状态之一的可能性。到目前为止，虽然它看起来像是一个分类实例，但要考虑更多的因素。

响应通常经过一个自动但由人类控制的工作流，即一个精心设计的、可由人类来理解和更新的算法。该工作流将驱动响应进入一个布尔状态：批准 / 怀疑。最后，使用机器学习管道的客户端系统确实会得到一些 0/1 标志，但这绝不是普通异常检测算法的响应。

通用解决方案的一些事实

欺诈检测系统集成到现有的实时操作流程中。如果最终的响应是正面的（positive），那么它会对传入的交易直接放行，按常规进行处理。否则，该交易可以照常进行，但仍被标记为可疑交易或被转到另一个专门为高度可疑交易保留的管道。

在欺诈检测黑盒中，使用一个具有不同层次和特征的神经网络是非常合理的。负责最终响应的黑盒除了交易的实际数据外，可能还需要接受以下三个主要来源所产生的输入参数。

- **推荐系统**　这是一个相对简单的神经网络，甚至是一个更简单的浅层学习算法链，它对交易进行大致的扫描，对基本问题"这笔交易具有欺诈性吗？"提供第一个（可能是非常朴素的）响应。这条信息可被评价为一种外行意见，是对最终输出做出贡献的又一条输入。事实上，为了从多种角度观察数据，以这种方式来找到一个理想而又慎重的答案，经常都需要结合使用浅层和深层学习算法。

- **专家系统**　指任何现有的、已经服务多年的专家系统，它们仍然能为整个系统提供有价值的意见。

- **编码器**　编码器是一种神经网络，它将大量信息编码成紧凑但极有代表性的格式。编码器用于编码法典、阻止清单和其他类似信息，以便在对交易进行评定时可以考虑。

这三个来源代表系统连同实时数据一起处理过的事实。最后，欺诈检测系统的核心引擎可以设计成一个由不同类型的神经网络构成的图。

7.5　小结

异常检测标志着一组数据中的意外和异常事件。问题是要从异常检测的抽象定义落到实际的机器学习项目上，这些问题可能对各种企业产生巨大的影响：金融、制造、能源、一般工业、健康和入侵检测等。

本章首先讨论一些检测异常的常规方法，介绍了像时间序列数据和离群点这样的概念，还解释了离群点的不同类型。然后，讨论了使用机器学习进行异常检测的常见方法。最后，我们在 Visual Studio 中使用 ML.NET 提供的工具来检测历史时间序列中的尖峰和变点。

数据的实时分析则需要转变一下思路，它需要一个经过训练的模型。但是，正如章末的"机器学习深入思考"一节所讲到的，任何现实的异常检测系统——尤其是处理实时数据的系统——都是一套复杂的系统，需要视具体情况而定。

下一章的内容还是围绕时间序列进行讨论，但这一次要讨论预测和检测数据趋势。

第 8 章

预测任务

虽然总体上更有可能出现无序，但完全无序是不可能的。

——西奥多·莫茨金[①]

第 7 章讨论了如何发现数据序列中的异常值，我们介绍了时间序列的概念。记住，时间序列是在连续且最好等距的时间点上捕捉到的一系列数值。因此，时间序列是一种离散（而非连续）的数值集合。风力发电机安装的风速计每 30 秒报告的风速值就是时间序列的一个很好的例子。

可以从时间序列提取两种类型的信息。一种信息是尖峰和变点，即异常值。其中，尖峰表示一个测量值和其他测量值相差太大；变点是数据流开始改变方向的一个点。另一种信息是本章要讨论的：推断数值和预测未来数据趋势。

8.1　预测未来

预测未来是一门精妙的艺术，其源头可追溯到公元前 2000 年，当时巴比伦的占卜师通过观察蛆虫（自然训练的）在动物尸体腐烂肝脏中的运动来做出预测。

谈到预测时，对自己想要知道的事情不能过于笼统。此外，预测的范围也要非常具体。例如，是想预测一个特定产品还是整个产品线的销售额？希望这些预测针对一个特定的店铺还是一个地理区域？你希望这些预测是基于每日还是每月的数据？你希望这些预测提前多长时间？一个月？一年？几个小时？必须要有一个精确的答案。

[①]　译注：1951 年提到的对拉姆齐理论的看法。莫茨金（1908—1970），出生于德国的犹太人，美国籍数学家，他的论文对线性规划的发展做出了贡献。

8.1.1 简单预测方法

近些年来，使用机器学习来进行预测越来越流行，但从纯商业的角度来看，并非唯一的选择。除了检查羊的肝脏或者听德尔菲神庙里一名可能喝醉了的祭师的咆哮这些天真的做法之外，还可尝试用一些数学方法来预测，它们简单而相当有效。

一种是平均法，就是取所选时间区间内历史数据的平均值（例如过去 6 个月的平均值）。取上一个观察值是另一种更简单的方法，它的有效性令人惊讶，特别是对于一些金融时间序列。

对于强季节性数据，另一种很有效的方法是取一年中同一时间的上一个观察值。例如，一个家庭当年夏天的耗电量和上一年的相比，不太可能明显的差别。所以，基于耗电量差不多这一假设，所有电力公司都能据此估计住户的需求并提前向住户收费。

8.1.2 预测的数学基础

为了对一个时间序列的未来值做出更准确的猜测，有必要将时间序列分成若干部分。对一个时间序列进行分解的最终目的是将隐藏的趋势和周期性行为暴露出来，同时过滤掉噪声和脏数据。以下几个小节将讨论时间序列的一些更值得关注的技术属性。

趋势和周期

在时间序列数据中，趋势（trend）表示的是观察到的数值的长期的、结构性的方向变化。一旦发生，你会看到数值开始增大或减小，其变化方式可能是线性或非线性的，而且变化速度不一。方向开始改变的时间点称为变点。

不过，随着时间的推移，可能呈现出多种趋势。一种趋势可能是从时间 T1 到时间 T2 发生增长，另一种趋势则可能在后来发生，而且是下降。这种波动随时间重复表明这是一种周期性行为。一个周期（cycle）包含多种趋势。

在现实世界中，周期通常与经济或业务情况相关联。例如，如果是体育赛事，一个周期可以是一个出色的球队在几年内的表现：缓慢上升、达到高峰、保持在高峰附近、然后下降。尽管领域和背景不同，但一个周期的持续时间通常不少于两年。

季节性

季节性（seasonality）是指一种充分描述值如何定期发生波动的模式，如节假日期间较高的销售额或者夜间较低的耗电量。季节性是一种特殊类型的周期性行为，两者存在两个重要的区别。

首先，季节性是值的任何可预测的波动，会在一个期限内定期重复。其次，季节性波动定期（periodic）发生，而周期（cycle）可能没有固定的长度，可能不好猜测其高峰和低谷。换言之，每个周期都是独一无二的，有自己的期限和峰值。相反，一个季节有高峰和低谷，但它们是有规律的和可预测的。季节（season）其实就是一次又一次重复的周期（cycle）。

平稳性

平稳性（stationarity）是有助于我们了解时间序列的另一种数学特质。它表明关键统计属性的波动，如平均值或方差。特别是，如果一个时间序列的两个属性随着时间的推移几乎是恒定的，那么我们就可以说它是平稳的。换言之，如果一个时间序列的观察值不取决于对它们的观察时间，那就说明它就是平稳的。

一个平稳的时间序列没有长期的模式，如趋势或季节，而且它的值是围绕着一些水平线排列的。虽然仍然可能存在最小的周期，但方差几乎是恒定的（数值与平均值的平方距离）。

为什么说平稳性如此关键

预测的基本思路就是假设今天的数值和为明天预测的数值之间存在某种连贯性。如果周围的环境在今天和明天之间可能发生变化，那么观测值将取决于观测时间。从定义上来说，要得到可靠的预测是不可能的，最多只能做到"预测"。

随时间保持不变的东西通常是序列中单独的信号值的组合。为了实现理想中的不变性而使预测成为可能，一个办法是使平均值和方差保持不变，并与时间无关（平稳性）。

一个非平稳的时间序列可以通过应用差分技术变成一个平稳序列。差分法要求计算连续观测值之间的差异，如图 8.1 所示。

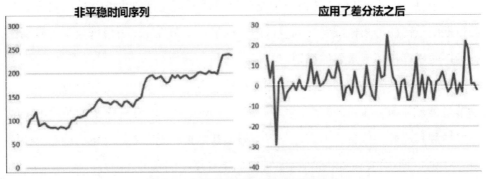

图 8.1　向非平稳时间序列应用差分法

最左边的图描绘了时间序列的绝对值，最右边的图则描绘了序列中两个连续点之间的差异。原始的时间序列不是平稳的，有一些增长的趋势。右边的图在应用差分之后，其数值几乎一直围绕着一条水平线。差分有助于稳定时间序列的平均值，消除（或只是减少）趋势和季节性。

8.1.3　常见的分解算法

为了理解时间序列中的数值，必须将其分解为若干部分，包括趋势（和周期）、季节性以及剩余部分。在某种程度上，我们可以这样表示一个时间序列：

$$Y_t = S_t + T_t + R_t$$

在这个公式中，代表位于时间处的整个时间序列。等号右边的分别是季节性、趋势和剩余分量。

有许多方法可以分解时间序列，而且它们存在已经有大约一个世纪了。例如，X-11 方法是一个基于移动平均值（MA）的迭代过程，它将一个时间序列分解为趋势 / 周期、季节性和不规则分量，适用于季度和月度数据。[②] 另一种方法是 STL，即"使用 Loess 方法进行季节性和趋势分解"（Seasonal and Trend decomposition using the Loess method）。

和 X-11 不同，STL 能处理任何类型的季节性数据，而非仅限于季度和月度数据。一个更先进的分解方法是基于奇异频谱分析（Singular Spectrum Analysis，SSA）算法的。第 7 章提到过 SSA，本章会更详细地描述它的内部工作原理。有趣的是，在 ML.NET 中，尖峰、变点和预测共享同一个基础算法：SSA 算法。

8.1.4　SSA 算法

SSA 的工作原理是将任何时间序列分解为它的趋势分量以及季节性的、振荡性的分量。这项工作分为两个主要步骤：分解及其后续的时间序列重建。

> **注意**　以下两个小节尝试对 SSA 算法进行数学描述。诚然，这是一个非常抽象和紧凑的解释，细节太多反而会影响大家理解。如果想要细节，可能会觉得不容易懂。此时便可以参考 http://tinyurl.com/2d62b9ps。

分解步骤

时间序列首先映射到一个所谓的轨迹矩阵（trajectory matrix）。矩阵的构建需要一个称为窗口长度（window length）的参数，该参数最终决定着矩阵的大小。窗口长度是一个超参数，通常根据经验来指定。窗口长度的选择取决于时间序列的大小和具体要执行的分析。窗口长度会影响分解的质量。图 8.2 显示了窗口长度为 K、时间序列大小为 N 的一个示例轨迹矩阵。

---

② 译注：源于美国人口普查局和加拿大统计局。

$$\begin{pmatrix} y_1 & y_2 & & y_{N-K} \\ y_2 & y_3 & & y_{N-K+1} \\ \cdots & \cdots & & \cdots \\ y_K & y_{K+1} & & y_N \end{pmatrix}$$

图 8.2　窗口长度为 K 的一个示例轨迹矩阵

窗口长度的一个常见值是 N/4，其中 N 是时间序列中的元素数，但有人建议这个值尽可能大，但决不能大于 N/2。窗口长度越大，可以解析的周期就越长。但另一方面，这个值太大，可能造成捕获的周期太少。

轨迹矩阵用奇异值分解（Singular Value Decomposition，SVD）方法进一步处理。具体地说，应用于轨迹矩阵的 SVD 乘以其转置矩阵（行列互换），得到 K 个特征向量和相关特征值的集合。

这就成为该算法的重建步骤的输入。

> **注意**　线性变换（矢量空间之间的函数）的特征向量（eigenvector）是一个非零的向量，将变换应用于它时，它最多只改变一个标量因子。该标量因子称为特征值（eigenvalue）。

重建步骤

基于计算出的特征向量，算法尝试创建一个新矩阵来尽可能地模拟原始轨迹矩阵。具体地说，要选择特征向量的一个子集，特征向量的数量是需要定义的另一个关键超参数。

新矩阵包含一个嵌入的时间序列，它的结构类似于图 8.2。然而，嵌入的时间序列不是原来的时间序列，它只是考虑到了主值。

在更高的抽象层次上，该算法对原始时间序列进行了简单的转换，从基于时间的空间转换到基于频率的空间，其中的数值表示特定数值的出现频率。

现在剩下最有趣的部分，重建矩阵的值满足了一些线性公式，时间序列的下一个元素可从之前所有值的一个线性转换而获得。正是通过这一机制，我们获得了预测能力。

8.2　预测 ML 任务

SSA 是一种很灵活的算法，可用来将时间序列分解为趋势和周期分量以进行预测，也可以用来识别变点和离群值。第 7 章已讨论了它的后两种能力。现在，让我们将重点放在它的预测能力上。具体地说，我们将展示由 Forecasting 目录向外公开的一些方法。

注意，为了使用 ML.NET 的预测功能，可能需要安装额外的 Microsoft. ML.TimeSeries NuGet 包。

> **注意**　本章将遵循前几章一样的方法，即重用官方 ML.NET 文档中展示的数据集或者非常接近的数据集。这样做有两方面的原因：一是让读者更简单地跟进，二是可以轻松地在各个步骤中切换。我们更要强调的是围绕这些例子的补充内容，届时会提供文档中没有的更多细节。

8.2.1　了解可用的数据

在 ML.NET 官方文档中，通过瑞典哈尔姆斯塔德大学人工智能与决策支持实验室 Hadi Fanaee-T 和 João Gama 在 2013 年创建的一个数据集来演示预测。实际数据引用的是活跃于华盛顿特区的一个共享自行车系统（Capital Bikeshare）两年的使用记录。该数据集特别适合这种情况，因为它涵盖了系统满满两年的生命周期。

实际的数据库

由之前提到的科学家构建的原始数据集还包括反映季节性和环境因素的列，

例如天气情况、工作日和节假日。这里使用的是一个简化版本，只统计日期和一天当中所产生的总租金。关于年份的信息已经被热编码为一个枚举值（0 代表第一年，1 代表第二年）。任何前期工作都已经做完了，现在拥有的是一个 MDF 数据库文件，可以在本地或作为网络实例连接到 SQL Server。

> **注意** 使用简化版本的数据集有利于展示训练步骤，但不得不承认，它将整个例子降低到了一个玩具应用的水平。正如稍后会看到的，我们甚至不会为了预测的目的而使用年份信息。

图 8.3 展示了在 Visual Studio 中打开的 DailyDemand.mdf 样本文件（在本书配套资源的 SampleForecast 文件夹中提供）。它只包含一个表，即 Rentals 表。该表由三列构成。

RentalDate	Year	TotalRentals
12/23/2011	0	2209
12/24/2011	0	1011
12/25/2011	0	754
12/26/2011	0	1317
12/27/2011	0	1162
12/28/2011	0	2302
12/29/2011	0	2423
12/30/2011	0	2999
12/31/2011	0	2485
1/1/2012	1	2294
1/2/2012	1	1951
1/3/2012	1	2236
1/4/2012	1	2368
1/5/2012	1	3272
1/6/2012	1	4098
1/7/2012	1	4521

图 8.3 Visual Studio 显示的 MDF 样本数据集

辅助类

以下 C# 类用于建模数据集中单独的一行：

```
public class RentalData
{
```

```
    public DateTime RentalDate { get; set; }
    public float Year { get; set; }
    public float TotalRentals { get; set; }
}
```

预测模型最终将返回一个基于以下 C# 类的响应：

```
public class RentalPrediction
{
    public float[] ForecastedRentals { get; set; }
    public float[] LowerBoundRentals { get; set; }
    public float[] UpperBoundRentals { get; set; }
}
```

RentalPrediction 类的每个成员都被定义为数组，因为我们希望它包含预测期限内所有天数的值（精确、下限和上限）。

接下来看看需要如何构建训练管道。

8.2.2　合成训练管道

我们需要为预测问题训练出一个模型，然后将其部署到生产环境中。总体采用的方法类似于我们在前面几章为回归和分类而采取的方法。

从来源数据库加载数据

之前说过，ML.NET 能从一个来源数据库加载数据到数据视图。我们还展示了一些代码片段，但现在不同了，因为我们要在一个真实的应用场景中进行操作。

```
var mlContext = new MLContext();
DatabaseLoader loader = mlContext.Data.CreateDatabaseLoader<RentalData>();
```

上述代码创建了一个加载器对象的实例，它能在一个数据源上运行查询，并返回包含 RentalData 对象的一个数据视图。以下是实际的 SQL 查询：

```
var query = "SELECT RentalDate,
                CAST(Year as REAL) as Year,
                CAST(TotalRentals as REAL) as TotalRentals
            FROM Rentals";
```

查询命令和连接字符串封装在一个专门的 DatabaseSource 对象中。

```
DatabaseSource dbSource = new DatabaseSource(
    SqlClientFactory.Instance,
    _connectionString,
    query);
```

不用说，肯定要在项目中引用一些客户端数据库 NuGet 包。具体地说，这里需要用到 System.Data.SqlClient NuGet 包。但也只需要这个，因为我们已经假设要用一个本地 DB 文件。如果数据库连接到 SQL Server 的一个实例，而且计划使用一个 O/RM 来处理它，那么还需要引用选定的 O/RM 包（例如 Entity Framework、Dapper 等）。下面是我们使用的连接字符串：

```
private static readonly string _connectionString =
    $"Data Source=(LocalDB)\\MSSQLLocalDB;AttachDbFilename={_dataPath};
    Integrated Security=True;";
```

最后，用以下代码获取数据集内容的数据视图包装器（wrapper）：

```
IDataView dataView = loader.Load(dbSource);
```

现在，数据视图将引用整个数据集，即整整两年的自行车租赁数据。

分离训练和测试数据

应该用整个数据集来训练吗？是手动进行 80/20 分割，还是采用交叉验证的方式？最终的决定是，既然目前的数据集是整整两年的数据，所以拿第一年的数据来训练，拿第二年的数据来测试，这样也不错。

```
IDataView year1 = mlContext.Data.FilterRowsByColumn(dataView, "Year",
upperBound: 1); IDataView year2 = mlContext.Data.FilterRowsByColumn(dataView,
"Year", lowerBound: 1);
```

FilterRowsByColumn 方法由数据视图对象提供，它基于下限值（含）和上限值（不含）对视图中的行进行划分。它只对数值列起作用。

应用算法

奇怪的是，在 ML.NET 中，Forecasting 目录的 Trainers 集合是空的，没有列出任何方法。然而，在安装额外的时间序列包时，会得到一个名为 ForecastBySsa 的扩展方法，它直接从目录向外公开。SSA 是唯一可用于预测问题的训练器。下面解释了如何将其附加到训练管道上。

```
var forecastingPipeline = mlContext.Forecasting.ForecastBySsa(
    outputColumnName: "ForecastedRentals",
    inputColumnName: "TotalRentals",
    windowSize: 7,
    seriesLength: 30,
    trainSize: 365,
    horizon: 5,
    confidenceLevel: 0.95f,
    confidenceLowerBoundColumn: "LowerBoundRentals",
    confidenceUpperBoundColumn: "UpperBoundRentals");
```

可以看出，有相当多的参数需要指定，而且它们的值要显得有意义。其中一些很容易映射到我们前面总结的一般性 SSA 算法的概念。表 8.1 详细说明了本例使用的各种参数的作用。

表 8.1　ForecastBySsa 的参数

参数	说明
outputColumnName	用于接收模型预测结果的数据集列的名称
inputColumnName	为模型提供输入的数据集列的名称
windowSize	构建轨迹矩阵所需的窗口长度
seriesLength	执行预测时使用的数据点的数量
trainSize	时间序列中用于训练的点的总数
horizon	要预测的时间区间。在本例中，它表示我们希望模型预测未来多少天的租金（例如，未来 5 天）
confidenceLevel	范围在 0~1 之间的一个值，表示预测时的目标置信度。置信度是指你对下限和上限之间的这个区间（置信区间）的把握程度
confidenceLowerBoundColumn	用于接收预测的下限值的一个输出列的名称。如果不指定，将不计算置信区间
confidenceUpperBoundColumn	用于接收预测的上限值的一个输出列的名称。如果不指定，将不计算置信区间

上述管道将根据 windowSize 参数的值，假设合理的季节性周期为 7 天，从而对整个 365 天的时间序列进行分解。seriesLength 参数的值则规定，任何预测都应使用最近 30 天的数值。最后，horizon 参数设为 5，表明模型能够对未来 5 天进行预测。

windowSize 参数在对模型的准确性进行调优时最为重要，应该针对每种情况仔细地选择。它的值取决于时间序列中已知（或预期）的季节性周期。通常，使用代表当前情况下的季节性商业周期的一个最大的窗口开始算法训练。

例如，如果已知商业周期是每周发生，而数据是每天收集的（就像本例提供的时间序列那样），那么 7 就可能是可接受的。无论如何，在数据中发现的实际季节性不如期望的模型工作方式重要。如果实际数据包含以季度为单位的季节性数据，那么理想序列长度是 30，而不是 90，因为我们希望看的是每月的数据。

> **注意**　一般来说，应该指定时间段而不是天。这里之所以能安全地以天为单位，是因为数据集的内容隐含就是以天为单位的。如果时间序列的值是每小时采集一次，时间段就应该是以小时计。

还可以指定其他参数。特别是，有三个相互关联的参数。它们指定的都是分解后用于重建时间序列的子空间的目标“排名”（rank）。从技术上说，“排名”是指被提取的特征向量的数量。可通过一个参数来指定如何选择该值。RankSelectionMethod 枚举为 rankSelectionMethod 参数赋值。它允许的值包括 Fixed、Fast 和 Exact（默认）。如果设为 Fixed，还必须指定 rank 参数来表示特征向量的数量。如果省略，rank 的实际值变成 maxRank，后者在不指定的前提下默认为 windowSize-1。如果排名选择方法不设为 Fixed，它将基于预测误差最小化来自动确定。

另一个可选参数是要构建的模型是否应该自适应（adaptive）和稳定（stabilized）。自适应标志（isAdaptive）迫使 ML.NET 训练器采用一个特殊的、自适应版本的 SSA 算法。而稳定标志（shouldStabilize）指定了算法的内部特征，以及它如何处理用于重建时间序列的值。

保存并评估模型

然后，训练管道在训练数据集上进行拟合，并生成一个输出转换器，它准备好另存为磁盘上的 ZIP 文件。

```
// 训练时间序列可以是我们之前提到的 year1
SsaForecastingTransformer model = forecastingPipeline.Fit(trainTimeSeries);
mlContext.Model.Save(model, trainTimeSeries.Schema, outputPath);
```

下面是对模型性能的一个快速分析。

```
// 为测试数据构建一个数据视图
// 供测试的时间序列可以是我们调用的任何序列
year2 earlier IDataView predictions = model.Transform(testData)

// 从测试数据集提取实际值的一个可枚举列表
IEnumerable<float> actual = mlContext.Data
    .CreateEnumerable<RentalData>(testData, true)
    .Select(observed => observed.TotalRentals);

// 提取由模型为测试数据预测的可列举值
IEnumerable<float> forecast = mlContext.Data
    .CreateEnumerable<RentalPrediction>(predictions, true)
    .Select(prediction => prediction.ForecastedRentals[0]);
```

我们使用以下代码比较误差，即实际值和预测值之间的差异。代码所做的事情是将测试数据集（第二年的真实数据）中的租金，与在第一年时间序列上训练的模型所得到的预测值逐日进行比较。

```
var metrics = actual.Zip(forecast, (actualValue, forecastValue)
        => actualValue forecastValue)
    .ToArray();
```

Zip 方法是在任何 IEnumerable 对象上定义的，它将一个指定的函数应用于两个序列的相应元素，从而生成一个结果序列。metrics 数组通常包含实际值与预测值之间的差值。

```
var meanAbsError = metrics.Average(error => Math.Abs(error));
var squaredMeanError = Math.Sqrt(metrics.Average(error => Math.Pow(error, 2)));
```

为了检查结果和评估模型的质量，可以看一下平均绝对误差（Mean Absolute Error，MAE）和 / 或均方根误差（Root Mean Squared Error，RMSE）。

8.2.3 设置客户端应用程序

到目前为止，已经训练好一个模型并将其保存在磁盘上，准备部署到生产环境中。然而，如何在客户端应用程序中使用预测模型呢？根据之前各章的描述，我们知道现在可以创建一个预测引擎池，为每个请求获得一个实例，触发它，收集任何响应，然后刷新用户界面。

听起来很容易，不是吗？不幸的是，魔鬼就在细节中。

预测是一种高度动态的任务

样本数据集包含 2011 年和 2012 年的自行车租赁数据，假设以 2013 年第一天的训练模型为例。1 月 2 日，我们内部部署了一个新的管理应用程序。该应用程序显示过去几年的图表，并提供对未来五天的预测。

首次单击按钮，我们得到了 1 月 7 日之前的预测结果。如果在同一天单击该按钮 10 次，然后第二天再单击 10 次，会怎样？从 1 月头几天发生的事情中可以了解到什么？

预测模型需要保持某种状态，并随时间的推移而进行更新。此外，我们还要准备好向训练好的模型提供预测时间区间（horizon）的起始日。更重要的是，需要准备好提供已知的最新数值，这样才能得到更准确的预测。对于模型，我们的问题应该是这样的："鉴于这些最新的租金，结合你在训练期间获得的业务知识，可以预测一下未来 5 天的情况吗？"

接着，我们要找到一种方法来更新模型，使其在内部状态中纳入最新的观测结果，并准备好用于未来的预测。

创建时间序列引擎

Web 客户端应用程序会在任何时候根据要求来加载模型以进行预测。以下代码属于负责执行预测任务的控制器:

```
DataViewSchema schema;
_model = new MLContext().Model.Load(modelPath, out schema);
```

返回的 ITTransformer 公开了一个我们以前从未见过的新方法,这是一个由时间序列 NuGet 包添加的扩展方法。

```
var mlContext = new MLContext();
var forecastEngine = _model.CreateTimeSeriesEngine<RentalData,
    RentalPrediction>(mlContext);
```

预测引擎可以视为是对训练好的模型进行了包装,它既可以用来做普通的预测,但也可用较新的信息来更新嵌入的模型。

```
var predictions = forecastEngine.Predict();
```

上面这行代码有意思的地方在于,模型已经完成了它的工作,并返回了对未来默认区间(horizon)的预测。预测所基于的时间序列就是用于训练的那个序列。因此,在我们的例子中,无论要求引擎对哪一天进行预测,任何预测所基于的数据都不会晚于 2012 年,因为样本数据中的时间范围就是这样的。基于连续流动的数据进行预测才有意义。所以,要为系统提供新的观察结果,对时间序列进行延续(把它变得更长),然后,引擎根据最新数据返回预测结果。不过,为了实现这一点,必须引入一个新概念:检查点。

创建检查点

在机器学习中,特别是在神经网络中,检查点(checkpoint)是指系统及其内部状态的一个快照。应用于预测时,检查点是指用一个新的观察结果来更新模型。

示例应用程序提供了一个文本框,用户可在其中输入当天最新的自行车租金金额。随后,网页回调一个对预测引擎进行控制的端点。

```
// 基于最新观测结果进行预测
var predictions = forecastEngine.Predict(latest, horizon);
```

该引擎被调用以根据最新的值和指定的预测区间（例如 5 天）进行预测。predictions 变量是在上面训练模型的那个 RentalPrediction 类的一个实例。它有一个 ForecastRentals 属性，这是一个浮点值数组，预测区间内的每一天各自对应一个。

该方法可考虑将观察结果存回某个具有更新的时间序列的数据库中。数据库可用于任何目的，包括在某个时候重新训练模型。

```
// 保存模型并返回
forecastEngine.CheckPoint(mlContext, _modelPath);
```

最后，控制器端点将用最新的观察结果更新当前模型的状态，并将其存回最初加载它的同一个 ZIP 文件中。这就是调用 CheckPoint 方法的结果。

采用这种设计，模型可以录入任何新的数值，而且在记录了任何新值后，都会返回更新的预测结果。图 8.4 展示了具体效果。

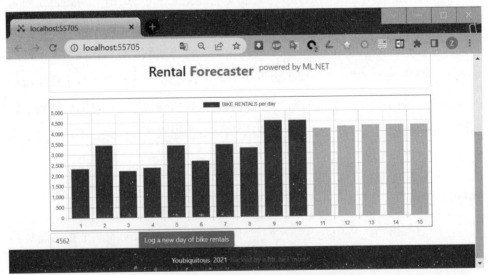

图 8.4　使用预测引擎的示例客户端应用程序

颜色较深的柱子代表自行车租金的最新值，引擎将在此基础上提供预测。较浅的代表预测值。每条都对应一天的数据。检查点允许我们保持模型的更新，而

不需要从头开始重新训练。如果没有检查点，任何预测都会是在初始训练好模型
后首次点击时的样子。

> **注意**　在神经网络的背景下，检查点是网络内部状态的一个快照。在这种
> 情况下，也可以认为是某种形式的强化学习——不是基于新数据进行完整的
> 重新训练，而是计算更准确的系数，从而进行更准确的预测。

折现因子

在预测中，初始训练好的模型必须用新的数据点定期更新。引擎值应
该如何动态添加点呢？在 ML.NET 的实现中，SSA 算法还支持一个可选的
discountFactor（折现因子）参数。表 8.1 应该为它再添加一行。

discountFactor 参数是一个 0~1 之间的浮点值，默认为 1，它设置的是分配给
在线更新（新记录的观测值）的权重。该权重相对的是最初训练好的模型中要考
虑的观测值。

8.3　机器学习深入思考

虽然 SSA 算法用于处理随时间变化的单一数值，但可以通过对它进行扩展
来处理多变量时间序列。在 ML.NET 中，SSA 的实现只允许处理单一的时间序列，
尽管在不久的将来可能会出现对多变量时间序列的支持。坦率地说，在绝大多数
现实世界的应用中，包括金融和工业场景中，单一时间序列分析并不是特别有
用。事实上，股票和机器都受制于无数因素和部件的变化，它们的状态是动态变
化的。

因此，在本章最后的这个"机器学习深入思考"小节中，我们要提出两个警
告。一个是关于多变量时间序列的，另一个是关于时间序列内在可预测性的。首
先来说说时间序列内在的可预测性。

8.3.1　不是公园里的随机漫步

随机漫步是一个随机过程，由一连串随机发生的数值组成，通过时间序列进行模拟。这里的"随机"应该是指缺乏明显可预测的模式。因此，股票价格的波动、体育比赛的分数和产品的销售额都可以近似为随机漫步。

所以，根据定义，随机漫步是不可预测的，没有任何一种基于以往历史数据的学习形式能足够可靠地预测到随机漫步序列的未来值。有趣的是，虽然大多数现实世界的时间序列都是随机漫步，但人们仍然试图以某种方式来预测其未来值。

最基本的一点是，机器学习不是魔法，尤其是在涉及预测的时候。投入生产环境的任何模型都应该仔细验证，它提供的任何结果都应该保留质疑的心态。

那么，如何根据测试数据对模型进行评估呢？

像 R-squared 这样常见的指标甚至可能配置出一个很好的匹配，但这并不一定表明针对随机漫步就有了良好的预测能力。可以对时间序列做一些快速测试，看看它是否能被认定是随机漫步。

如果两个连续数据点之间的任何相关性随着时间的推移而趋于零，而最后的观察值仍然是能得到的最好的预测，那么这个时间序列就可能真的就是一个随机漫步。此外，如果切换到差分视图（即绘制两点之间的差值，而不是绝对值），那就仍然不能提供一个明确可学习的模型。这只是强化了随机漫步的想法而已。它是不可预测的。

8.3.2　时间序列的其他方法

除了 SSA 算法及其多变量版本（在 https://bit.ly/3eQZj8x 进行了很好的解释），还有其他方法来实现对时间序列的预测。一个常见的起点是使用一种称为 LSTM（Long Short-Term Memory，长短期记忆）的特殊类型的神经网络。

正如第 11 章会详细解释的那样，LSTM 是一种能维护和使用一些内部状态的神经网络，可以根据输入特征和当前状态来输出数值。LSTM 神经网络之所以吸引人，因为它先天就具有从数据序列中学习的能力。LSTM 是在 20 世纪 90 年代末开发的，专门用于处理时间序列数据。

　　然而，每个时间序列都是一个不同的项目，有它自己的场景，所以使用一个基本的神经网络可能也是合理的，只不过神经网络在随机漫步序列上不一定比更简单的、基于树的随机森林算法更准确。

　　早在20世纪50年代，兰德公司的研究人员就开发了一种新方法（德尔菲法），能在没有足够数据的情况下进行预测。他们当时是要解决一个特定的军事问题，实际的方法并未在软件中实现。但是，这个核心思想在40年后随机森林背后的基础概念中重现：团体预测通常比个人的任何预测都更准确。

　　这就是随机森林的实际作用。一个随机决策森林是由许多单独的决策树组成的，最终响应由各个树所预测的响应的平均值给出。

　　说了这么多，让我们搞定真实世界中预测系统的一个关键设计挑战，预测风力（或太阳能）发电厂在接下来的日子里所输出的以兆瓦计数的电量。

8.3.3　电力生产预测

以下三个重要的数据来源可以用来安排电力生产预测算法：

- 准时的天气预报；
- 每台风机（或逆变器）多变量时间序列形式的电厂数据；
- 公司的专长和知识。

　　令人惊讶的是，所有这些来源中最微妙的是天气预报，最商品化的反而是电厂的数据，最有价值的是人的专业知识。

极为准确的天气预报

　　我们在网站和移动应用上获得的所有天气预报都来自大气和海洋的标准数学模型，同时还参考了一个将全球划分为三维网格的坐标系统。预报的精确度严格取决于所使用的单元的大小。

　　单元的默认（和最便宜的）大小使得天气预报的精度（对新闻报道来说）是可以接受的，但对预测电力生产这种更微妙的情况来说却不是。默认预测基于

30 平方公里的单元。当然也有一些商业选择，限制在小于 3 平方公里的范围内。这虽然好了很多，但对生产预测来说仍然不够。

　　除了单元的大小，还要考虑一点：如果模型能够有效预测地面和风机附近的风流（速度、方向、阵风），那么预测就会更准确。然而，由于风轮机所在地形通常很复杂，所以这种信息很难通过物理模型来获得。太阳能发电厂也存在类似的问题，只不过影响要小一些。

　　现实世界的预测解决方案必须在高分辨率天气预报的基础上建立一个概率模型，以便对特定的地理位置做出相当准确的预测。概率模型要用到每个特定地点的历史天气数据。在最坏的情况下，每台物理风机都是一个不同的地点。事实上，不同高度的风会有很大的不同。特别是在 80 米处，地形、山谷或树木的性质都会产生不同的条件和影响，从而增加或减少速度，改变阵风和方向。而且，即使是靠得很近的风机，也可能存在不同的情况。

收集电厂数据

　　每个发电机组（比如风机或太阳能发电厂的逆变器）的有效生产的实时记录和历史记录是生产预测系统需要的第二种信息。如前所述，这些数据如今已经接近于真正的商品。

　　电厂数据通过监测来收集，来源于定制或者商业物联网设备、SCADA 工具以及各种传感器数据。这些信息由专门的监测应用程序收集和编目后变成海量的时间序列数据，显示了机组的电力输出和工作参数。

　　全面的生产预测模型可以在客户不具备专业知识的情况下正常工作。但为了预测特定风机的生产水平，操作人员和技术人员的知识水平不可忽视，因为这样可以解释一组特定离群值背后的原因或者一组特征值的相关性，这对设计一个能有效预测数值的机器学习模型来说是至关重要的。

预测管道

　　生产预测是一个预测性问题，但很难简化为针对历史数据进行训练的多线性回归形式。说实话，多线性回归甚至可以成为一种解决方案，但预测的准确性无法保证。它的基本思路是，历史数据可以告诉我们，如果历史上跟踪的硬件和天气条件持续存在，一个机组可能会产生多少电力。

但如果其中一个机组意外地变慢甚至停止工作，怎么办？无论回归预测程序怎么说，都无法从该机组获得任何 1 兆瓦的电力。另外，如果天气变化，阳光或风的情况发生了变化呢？还不止这些。

如果天气预报发生改变，应该多久（重新）训练一次模型？如何规范天气信息以缓解不准确预测所带来的影响（例如，风力突然比以前强得多）？如果用来计算风机预期性能的电力曲线不准确呢？因为这个曲线不准确，计算出的电力产量就不准确。

有太多错综复杂的方面需要考虑，以至于线性回归和更复杂的回归算法（例如朴素贝叶斯、随机森林或支持向量机基本上可能都不可靠。也许神经网络就是答案？ LSTM 网络在这里是一个可行的方法，但训练神经网络是一项庞大且昂贵的任务。在一个严格依赖实时和不稳定数据（如天气和遥测数据）的系统中，应该多久调整和重新训练一次模型？能负担得起吗？

事实证明，如果给予一个与典型的机器学习模型相当不同的设计，可再生能源生产预测程序的引擎会更加有效。事实上，大多数商业产品都倾向于使用一个精简的管道，其中训练数据最小，但每次预测都会对实时数据进行处理。如果适当的硬件和软件平台提供了足够的算力，那么从性能的角度来看这就是可以接受的。大多数云平台都能提供这样的算力。另外，某些公用事业单位的内部数据中心也是可以的。

总之，在可再生能源的生产中，预测被认为是一门相对精确的科学，尽管不同供应商和公司进行实际预测的方法可能有所不同。如果是一家公用事业单位需要预测电厂将产生多少电力，可以在市场上找到一个有效的解决方案。

8.4 小结

预测与回归等方法不一样。这两种方法的目的都是进行预测，但相比回归，时间因素在预测中更相关。时间序列是对连续数据流的一种表示，传入的数据点具有与输入特征一样的相关性。

历史数据固然重要，但更重要的是对数据性质的深入理解，必须要搞清楚数值之间存在多少因果关系。虽然在不涉及一些专门的神经网络设计的前提下，本章介绍的 SSA 算法是最先进的算法之一，但并不存在一个普遍适用的预测解决方案。更多的时候，预测问题与当前的业务背景紧密相连，需要多个数据源和一个专门的、针对业务的管道才能得到适当的解决。

不要随便预测，你需要的是一个真正准确的预测。但并没有确定性的方案，原因很简单，现实世界充满了随机漫步，而根据定义，随机漫步是不可预测的。出于同样的原因，用一个单变量时间序列来做一些准确的预测工作，这种想法听起来就很天真。

因此，即使你认为有一个似乎能给出准确答案的模型，但在声称问题得到解决之前，最好先保持怀疑态度，并寻找真正的匹配。预测中的指标是一个数字，但不一定是坚实可靠的数字。

第 9 章

推荐任务

> 确定一件物品的价值，不能以其价格为依据，而应以其最终产生的
> 效用为依据。
>
> ——丹尼尔·伯努利[①]

亚西西的方济各有一句老话：对待生活的理想方式是，先做必要的事，再去做可能做到的事。但现实情况是，许多人会忽略智者说的这段话，会突然跑去做根本不可能做到的事情。无论如何，从中可以看出，在我们的生活中，其实隐含着要事清单中的排名。

当有大量数据需要理解其意义时，必须从某个地方开始，而每次都从头开始并不总是一个最佳选择，因为许多事情并没有什么明显的开始和结束。好了，虽然前面这些话有点儿"打鸡血"的意思，但本章关于的是如何对可用的数据项进行排名，以提取和/或预测有洞察力的信息这一核心任务。

我们每天使用的许多基于 Web 的服务都大量使用排名功能——从搜索到电子商务，从媒体娱乐到社交推送。在某种程度上，排名的核心任务已经是我们即将讨论的形式，即根据相关性对数据项进行分类，并在持续增长的、数量巨大数据中发现相关项。

在这个上下文中，有两个相似的术语特别重要：排名（（ranking））和推荐（recommendation）。两者指代的是不同但密切相关的任务。我们甚至可以将推荐看成是系统的前端，而将排名看成是系统的后端，其目的是学习并报告正在处理这些数据的实际相关性。

---

① 译注：1738 年发表的"关于风险测量的新理论的阐述"。Daniel Bernoulli（1700—1782），瑞士物理学家、数学家和医学家。16 岁获得艺术硕士学位，21 岁获医学博士学位，24 岁在他的威尼斯旅途中发表《数学练习》，38 岁出版经典著作《流体的力学》并提出伯努利定律。

9.1　深入信息检索系统

在任何类型的信息检索系统中，排名和推荐都能找到最佳切入点。谷歌的页面分类和点评网站的打分、亚马逊的推荐和 Instagram 的广告都有排名。虽然听起来很刺耳，但今天在网上执行的任何搜索都不是纯粹对特征进行匹配的结果；相反，必然是通过排名对相关项进行过滤后的结果。另一方面，由于原始数据的量太大，所以也根本没办法进行纯粹的特征匹配研究。

机器学习已经成为一个强大的工具，为数据项赋予属性加权，从而猜测数据中隐藏的情绪，解决从协作式收集中获得的反馈，并为潜在消费者提供现实的、有趣的机会。

平时用"排名"和"推荐"这两个经常换着用的术语来称呼的机制实际是以三种不同的功能来描述的：排名、推荐和协同过滤，每种功能都有略微不同的训练需求和目标。图 9.1 展示了这三种功能之间的关系。"排名"功能在一定程度上供"推荐系统"和"协同过滤"所用。

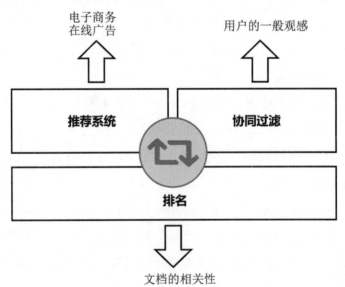

图 9.1　排名、推荐系统和协同过滤的连接图

9.1.1 排名的基本艺术

排名是一项最基本的任务，被用作后端引擎，推荐系统和协同过滤系统都是在它的基础上发展起来的。无论消费者得到的是什么推荐，也无论在市场上找到的是什么产品或服务，都是排名算法所输出的结果。

因此，排名是顶层模块的核心引擎，这些模块的例子包括向用户提供一个有序项目列表的推荐系统。排名算法通常是一种有监督的算法，通过学习的方式为数据集中的每一项生成分数。取决于算法的配置，最终的分数可能只是将相关性定义为一个二元实体（相关/不相关），也可能通过数值或序号分数来使用更全面的判断形式。

训练数据通常由数据项组成并以二进制或数值形式指定偏序（部分有序）。针对训练的模型，最终目标是为未见过的项目打分，并按照相关性对未见过的数据项列表进行排序。

排名算法的关键在于，它必须发现并正确处理具有结构性场景的各个项目之间的相互关系，并处理好用户的偏好以及/或者特定意图在上下文中的作用。如果使用盲目的评分函数并把它应用于每一项，却忽略了场景，那么它对现实世界中的场景就不会很有用。

9.1.2 推荐的灵活艺术

推荐是一种个性化的排名方式，生成的是一个产品或服务列表，并预计与用户在应用场景中的偏好和意图一致。这种推荐来自为用户收集的一些历史评分或活动数据。任何时候从某个在线服务中看到"猜你喜欢"消息，就表明你肯定在不知情的情况下与正在使用的网站或应用后台所创建的推荐系统进行互动。

排名与推荐

排名和推荐之间的关键区别在于，排名是全局性的，而推荐则主要针对个人。排名主要是为一个大的用户群体提供评分，生成的是某种常规性的评分结果。推荐则倾向于根据每个用户的特殊偏好和意图来覆盖这个默认的排名。

排名算法通过搜索查询来运行，查询是由知道自己要寻找什么的用户来提供的。排名算法从用户实际搜索的内容中提取信息。另一方面，推荐系统则在没有用户明确输入的情况下工作，并试图提供用户可能发现不了的信息。推荐系统主要应用于电子商务应用。

排名和推荐的另一个区别是，排名算法通常将更相关的项目放在列表顶部。相反，在推荐系统中，"相关性"的整体概念有所不同，推荐系统的目标是找到与其他项目相关、但又过于相似的项目。事实上，好的推荐系统通常不会在你买了一本畅销的惊悚小说情况下再推荐更多畅销惊悚小说，而是会推荐可能具有一些共同点的相关书籍。例如，如果你买了一本法律惊悚小说，则可能会被推荐其他同样具有悬念和情节驱动的书籍，这些书与法律领域有一些关系。

更具体地说，如果让亚马逊的推荐系统有理由相信你对领域驱动设计的（domain-driven design）感兴趣，亚马逊也会推荐一堆关于微服务、事件驱动系统和设计模式的书，以及那些似乎从不同角度来介绍领域驱动设计的书。简而言之，推荐系统仍然会使用排名，但评分（scoring）功能却复杂得多，因为它不计算纯粹的相关性，而是以更广泛和更多样化的相关性概念为目标。

个性化

排名和推荐采用的方式不同。例如，谷歌在 20 年前只是一个常规用途的页面排名服务。但从某个时候开始，它就逐步稳定地发展为个人推荐服务。因此，个性化是推荐系统的一个关键因素，而对个性化的强调会使系统更容易接触到较稀疏的数据。

个性化一般通过两个步骤来实现。首先，过滤方法将数据项分解为特征。其次，将消费者活动与其中一些特征进行匹配。例如，图书可以按作者、流派、角色和出版年份进行特征化。然后将此信息与消费者浏览行为或购买历史相匹配，以了解客户感兴趣的部分，包括该作者写的书的数量、这种流派以及那个出版年份。有趣的是，在内容过滤推荐系统中，不会用到用户的个人信息（例如性别、国籍或年龄）。

> **注意**　根据定义，推荐系统是针对个人的，但是排名呢？当我们得到一个排名时，我们能保证它在全局范围内是保真的吗？或者至少在一个特定的领域内是保真的吗？它在某种程度上有没有偏见呢？以何种方式？还有，它有没有故意误导你？如你所见，这样推导下去很快就会涉及人工智能的伦理。与此同时，如果有哪个黑心商家增加了控制排名内容（以及排名方式）的能力，其实就表明远离真正的排名而进入了个性化推荐的领域。根据定义，在这种系统中看到的"排名"从此就失去了一般性，不值得采信。

9.1.3　协同过滤的精妙艺术

内容过滤推荐系统在很大程度上依赖于用户在主机系统上任何已知的继往活动，无论这些主机系统是电商网站、媒体平台还是社交网络。但这个场景有一个明显的缺点：因为缺乏与数据特征相匹配的核心信息，所以最终为不活跃用户提供的推荐可能并不准确。然而，新用户处理起来也确实有问题，因为基于内容的过滤系统对不活跃用户和新用户都会出现同样的缺乏信息的情况。这也被称为冷启动（cold start）问题。

协同过滤是一种专门为解决上述两种限制而设计的方法。它的工作方式是将内容过滤的原理颠倒过来，大量利用跨用户信息来实现这一目的。更一般地说，我们可以将协同过滤视为一种特殊形式的推荐系统，它最适合已知某些用户数据（年龄、性别、收入、职业和居住地）但在主机平台内缺少用户历史活动数据的场景。

不同于经典的基于内容的推荐系统，协同式推荐系统试图根据其他消费者以前对同一物品的兴趣来预测一个特定的消费者对该物品可能感兴趣的程度。从本质上讲，这样的推荐系统使用一些启发式方法来预测用户对某一物品的评分，从其他具有类似个人特征（如年龄、性别、收入等）的用户评分开始。

最后要注意，协同过滤在涉及数据时并非没有问题。事实上，一些不太流行的商品只有区区几个评分，它们可能会被不准确地映射到用户身上。

9.2 ML 推荐任务

一个常见的使推荐系统有意义的例子是获取一个电影列表，并预测其中哪些电影是特定用户感兴趣的。或者，反过来说，一旦有任何用户登录，系统就会呈现一个可能感兴趣的电影列表。系统的核心是获得一个软件模块，该模块能获取用户 ID 和电影 ID，并对两者之间的匹配度进行打分。如果得分高于一个固定的阈值，这部电影就会进入推荐名单；否则，就会被忽略。

为了完成下面的例子，你需要在默认的 ML.NET 库的基础上额外安装一个 NuGet 包，名为 Microsoft.ML.Recommender。

9.2.1 了解可用的数据

这里讨论的示例应用揭示出一个涵盖了推荐系统的典型用例：预测用户是否喜欢他们还没有看过的电影。从技术上讲，这个推荐系统的工作原理是估计用户对电影的评分，如果分数超过一个固定的满意度阈值，就投票给"喜欢"。

本例要处理的数据是一个 CSV 文本文件，由几个以逗号分隔的列构成，包括用户 ID、电影 ID、1~5 的评分以及评分时间。该数据集来自 ML.NET 样本库，包含约 10 万个评分的集合。该数据库完全匿名，电影和用户都用数字 ID 标识。顺便提一下，用户数量有几百个；电影数量有几千个。

数据的模式

描述特征的 C# 类如下所示。我们希望模型预测的属性是 Rating（评分）。我们还忽略了数据集中的 Timestamp（时间戳）列。

```
public class RatingData
{
    [LoadColumn(0)]
    public float UserId;

    [LoadColumn(1)]
    public float MovieId;
```

```
[LoadColumn(2)]
public float Rating;
}
```

图 9.2 展示了在 Microsoft Excel 中打开的源数据集。

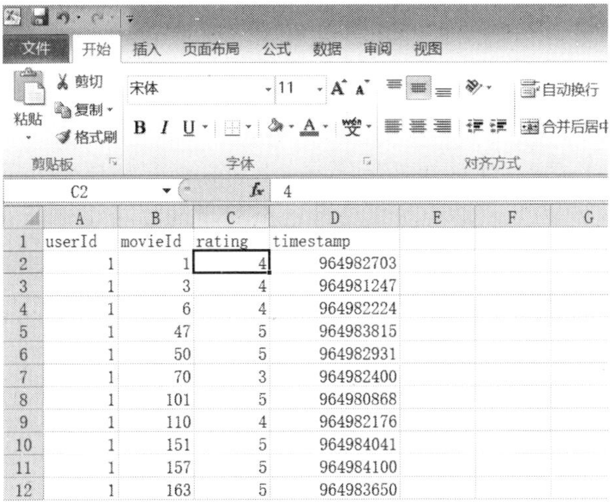

图 9.2　电影推荐系统所用的数据集的内部视图

userId 和 movieId 这两列以匿名方式识别用户和电影，而 rating 这一列表示特定用户对特定电影的满意程度，其范围从 1（差）到 5（优）。不言而喻，任何调用最终模型的客户端应用程序都必须提供一个真实的用户 ID 和一个真实的电影 ID，这些数据来自最初用于训练模型的同一个生产数据库。通常，推荐系统是以每个用户为单位工作的。因此，用其电影偏好进行训练的用户就应该是要为其预测电影的用户（一个明显的例外是系统的新用户以及目录中新增的、未评分的电影）。基于此场景，这就成了一个猜测的问题。

选择数据列

在我们的例子中，数据集中的 timestamp 列被模型忽略。因为我们认为，用户在什么时候进行评分并没有什么相关性。但要记住，这只是一个演示。在真实场景中，评分时间可能被用来给每一行分配不同的权重，例如，可能想统计去年的评分与两年或更久之前的评分之间的差异。

数据集的 timestamp 列报告的是一个 UNIX 纪元日期（自 1970 年 1 月 1 日零点起经过的秒数）。浏览一下样本数据集，会发现它涵盖直到 2017 年左右的评分。因此，你可能想为那些在比如说 2014 年之后输入的数据赋予更多的相关性。

重要提示　在本书各章结尾处的"机器学习深入思考"小节中，我们都强调了易于安排和解释的演示（包括本章的这些）与现实世界的商业场景在复杂程度上的差异。一个简单的变化是，为旧日期和新日期添加不同的权重，就可能显著增加解决方案的复杂度。这个新增的复杂度可能来自浅层学习算法（例如本章要使用的矩阵分解）之上额外的数据转换步骤，一直到使用一个量身定制的神经网络。

对特征工程的补充说明

将数据加载到一个新的 ML.NET 数据上下文中，这与我们以前的例子并没有什么不同。取决于数据的实际存储位置，可以选择使用文件或数据库加载器。本例使用 CSV 文本文件。

```
var filePath = ...;
var mlContext = new MLContext();
var dataView = mlContext.Data.LoadFromTextFile<RatingData>(filePath,
    hasHeader: true, separatorChar: ',');
```

使用如图 9.2 所示的训练数据集，我们在特征工程方面已经没有什么可做的。但是，在现实世界的系统中，用户 ID 和电影 ID 并非肯定是纯数字。如果它们被表达为字母数字字符串，就需要将这些独特的字符串映射为数字。

```
private IEstimator<ITransformer> ComposeDataProcessingPipeline(MLContext mlContext)
{
    IEstimator<ITransformer> pipeline = mlContext
        .Transforms
        .Conversion
        .MapValueToKey(outputColumnName: "userIdEncoded", inputColumnName:
"UserId")
```

```
        .Append(context
            .Transforms
            .Conversion
            .MapValueToKey(outputColumnName: "movieIdEncoded",
                inputColumnName: "MovieId"));

    // 这里可能还要做更多事情。
    // 例如，使小值更小，使大值更大。

    return pipeline;
}
```

注意，在图 9.2 的数据集上运行上述代码，会得到 userId 列和 movieId 列两个相同的副本。但是，如果 ID 列是基于文本的，会得到两个等价的数值列，更容易由任何算法来处理。

日期相关性

图 9.2 中的 timestamp 列中显示出明显奇怪的数字。如前所述，它们代表的是 UNIX 纪元日期，即 UNIX 自 1970 年 1 月 1 日零点后经历的秒数。在 .NET 中，DateTimeOffset 类可以轻松地将日期转换为 UNIX 表示法；顺便说一下，这也是 JavaScript 所使用的表示法。

如果想为最近的评分赋予更大的相关性，而不考虑更老的评分呢？首先要说明的是，解决这个问题并不容易，如果使用浅层学习算法进行训练，那么你能做的并不多。关于按日期为评分赋予相关性，我们将在章末的"机器学习深入思考"一节深入探讨。现在只需知道，如果决定比特定日期更早的评分是不相关的，可以用一个数据过滤器将它们排除。以下代码将 2014 年 1 月 1 日设置为 UNIX 日期。

```
// 将数字时间戳阈值设为 2014 年 1 月 1 日
var unix2014 = new DateTimeOffset(2014, 1, 1, 0, 0, 0, TimeSpan.Zero);
var after2014 = unix2014.ToUnixTimeSeconds();
```

IDataView 的 FilterRowsByColumn 方法允许你只保留指定日期以后的那些行，如下所示：

```
var filteredData = mlContext
    .Data
    .FilterRowsByColumn(dataView, "Timestamp", after2014);
```

值得注意的是，这种方法只是减少了符合训练条件的行的数量。它并没有真正按时间给每个评分赋予不同的权重。如前所述，这是一个需要解决的更麻烦的问题。

9.2.2　合成训练管道

现在，我们需要选择一个训练器，并将其附加到 ML.NET 学习管道中，以便训练模型并评估其结果。应该从哪种算法开始呢？

矩阵分解算法

推荐系统的一种常见（协同过滤）算法是矩阵分解（Matrix Factorization，MF）。该算法将本例的整个用户 / 电影交互矩阵分解为两个较低秩的矩阵的乘积。在这两个矩阵中，最低秩的维度是该算法的超参数之一。

ML.NET 实现了 MF 算法。训练和测试管道的 ML.NET 代码如下所示。

```
private static void TrainEvaluateSaveModel(MLContext mlContext,
    IDataView trainingDataView,
    IDataView testDataView,
    IEstimator<ITransformer> dataProcessPipeline,
    string modelPath)
{
    var options = new MatrixFactorizationTrainer.Options
    {
        MatrixColumnIndexColumnName = "userIdEncoded",
        MatrixRowIndexColumnName = "movieIdEncoded",
        LabelColumnName = "Rating",
        NumberOfIterations = 20,
        ApproximationRank = 300
    };

    // 训练
    var trainer = mlContext.Recommendation().Trainers.MatrixFactorization(options);
    var trainingPipeline = dataProcessPipeline.Append(trainer);
```

```
var model = trainingPipeline.Fit(trainingDataView);

// 对模型进行评估
var prediction = model.Transform(testDataView);
var metrics = mlContext.Regression.Evaluate(prediction,
    labelColumnName: "Rating",
    scoreColumnName: "Score");

Console.WriteLine("MSE... : " + metrics.RootMeanSquaredError);
Console.WriteLine("R2.....: " + metrics.RSquared);

// 将训练好的模型保存到 .ZIP 文件
mlContext.Model.Save(model, trainingDataView.Schema, modelPath);
}
```

我们将 MF 训练器设置为在数据行上工作，这些数据行包含用户 ID、电影 ID 和已知评分等三要素的值。我们还设置了两个超参数，包括最大迭代次数（在此次数后返回）以及供内部使用的近似矩阵的秩。更准确地说，假定数据集是一个矩阵，那么算法会在内部构建两个近似矩阵，将原始数据集表示为这两个矩阵的乘积，大小分别为和，其中是指定的低秩。

> **注意**　历史上，MF 系列算法早在 21 世纪初的 Netflix 挑战赛中就获得了普及。Netflix 于 2006 年发起了这项挑战，试图找到一种方法来提高向用户提供观看建议的准确性。也就是说，这项挑战是预测某人会有多喜欢看某部电影。最终，100 万美元的奖金得主是一个来自全球多个研究机构的联合团队 BellKor's Pragmatic Chaos。他们提出的算法是经典 MF 算法的一个相当复杂的变体，使用一个 Ensemble 方法来同时训练多个 MF 模型，并应用非线性混合来做出最终的决定。

有任何遗漏的部分吗

简单地说，该算法做了以下工作。首先，它获得一个用户和一部电影，并在数据集中寻找对该电影进行了评分的其他用户。如果该用户没有对给定的电影进行评分，但有类似偏好的其他用户对其进行了评分，就取一个平均分。如果没有任何用户对电影进行了评分（比如一部新的或者不受欢迎的电影）呢？坦率地说，在这种情况下，就与抛硬币没什么区别。对于媒体平台或网站来说，这也是不能接受的。归根结底，这就只是一个推荐而已！

如果想（尽量）准确，就必须准备一个特别的算法，将各种碎片信息串联起来。因此，这不是简单地训练一个算法的事情。相反，它需要构建、测试并在最后训练一个学习机器。

对模型进行评估

推荐系统在将可用数据分解为训练数据集和测试数据集时提出了一个挑战。在本例中，我们从预定义的数据集开始，并没有自己进行任何分解。但一般来说，你会拿到一个评分列表（例如 2006 年 Netflix 挑战赛的参与者拿到的是 1 亿个评分），所以必须手动进行典型的 80/20 分割。

对于推荐系统来说，应该总是基于用户和电影的配对来进行推理，并从数据井中随机挑选它们，而不能随机地单独选择用户或电影。问题在于，如果一个用户只在测试数据集中出现，那么训练好的模型可能就无法准确预测自己原本不知道的用户的偏好。这促使我们考虑排名和推荐问题在机器学习领域的独特性。你总是需要关于用户的信息；实际部署到生产的预测应该有效地基于个人的评分时间序列，而不是基于一个以常规方式训练的模型来预测偏好。正如名字所暗示的那样，推荐系统是近距离的、个人的。训练必须反映出这一点，而协同过滤的基本思路就是利用已知的评分来预测用户对他们还没有看过的电影的评分。

推荐系统的实际表现取决于内部构建的用户/电影矩阵的(有限的)稀疏程度。通常，这个矩阵（所有电影和所有用户）是相当稀疏的，有许多空位留给那些没有给电影评分的用户。但是，还有其他许多因素有助于提高推荐系统的有效性。提供推荐的任何平台（媒体、电商网站或社交媒体）都是独一无二的，并受到不同参数的制约。在这个方面，阅读一些关于 Netflix 大奖挑战算法的技术报告会有很大的启发。你需要想出一些办法来处理诸如人的偏见、批量乱评以及过了好久才评分时出现记忆偏差等问题。例如，在看完一部电影的几天后，用户可能只记得自己最喜欢的内容，而忽略了他们看过不喜欢的内容。本章末尾的"机器学习深入思考"一节会专门讲这个。

给予推荐算法合格评价的最常见的方式是均方根误差（Root Mean Squared Error，RMSE），即来自测试集中已知条目的平方误差之和的平均值（即预测值和实际值之间的距离）。值越小，据称性能越好。以下代码从测试数据集中获得预测结果，并计算回归指标（提供 R-squared 和 RMSE 值）。其中来自数据源的 Rating 列作为真值，而 Score 列作为计算出来的预测结果的容器。

```
var predictions = model.Transform(testDataView);
var metrics = mlContext.Regression.Evaluate(predictions, "Rating", "Score");
```

其中的 Score 从何而来？

实际上，本章还没有提到 MF 算法用来返回计算预测结果的 C# 类。

```
public class RatingPrediction
{
    public float Label { get; set; }
    public float Score { get; set; }
}
```

为了满足你的好奇心，这里公布一下赢得 Netflix 大奖的算法在测试数据集上获得的 RMSE：0.8567。

其他算法

对 Netflix 挑战赛的最后阶段（从 2006 年开始，截至 2009 年结束）的一个可能解读是，矩阵分解虽然不完美，但在物理性能和准确率方面可能是表现最佳的算法。还有哪些替代品？

要想开发推荐系统，K- 近邻（K-Nearest Neighbors，KNN）是一个不错的起点。KNN 本身就能将数据集中的行分解为几个聚类，它是一种无监督的方法。事实证明，如果应用于推荐系统，它的结果可用于推断新的数据点可能属于哪一个聚类。KNN 对数据的分布不做任何假设，而只是测量数据项之间的距离以发现可能的相似性。KNN 计算目标电影与数据库中其他所有电影之间的距离，并返回前 K 部邻近的电影（邻近意味着相似）。

> **重要提示**　KNN 很强大，特别是在应用于推荐系统的时候，但它留下了一个开放的点。哪些参数真的可用于计算距离？只能是与电影相关的信息片段，如类别、演员、导演、年份等。

　　KNN 方法的有效性严格依赖于所选距离函数的有效性。在具有高度稀疏性的推荐系统中，经典的欧几里得距离可能并不是最佳选择，余弦距离有时反而更优（或者根据数据的实际质量选择其他的）。从某种程度上说，挑战在于对 KNN 进行改进，使其在非常大的数据集上也能很好地扩展，比如推荐系统经常都会涉及的那些数据集。

　　总之，在 Netflix 发起的挑战中，除了对训练过程的计算方面进行优化，作为提高推荐系统准确率的一种方法，有一个事实清楚地浮现出来，那就是利用集成方法（ensemble methods）的思路。在机器学习中，"集成"（ensemble）指的是几类算法，它们能从多种学习技术的组合中生成一个预测模型。从本质上说，就是将几个弱的学习器组合到一起，形成一个更强的学习器。

> **注意**　一般来说，人们认为矩阵分解技术能更有效地进行训练，并且比 KNN 或其他方法（例如受限玻尔兹曼机或 RBM）能更快生成预测结果。另外，它更容易在数据上集成额外的数据特征和过滤器。

9.2.3　设置客户端应用程序

　　可通过许多不同的方式创建一个推荐系统。例如，推荐系统是否应该返回一个用户可能想看的电影的推荐列表（例如前 5 名）？这是否应该在用户看完电影以及/或者登录系统时立即发生？或者系统是否应该预测用户会在多大程度上喜欢某部他们还没有看过的电影？这纯粹是一个业务需求的问题。我们的例子支持后一种情况。要支持前一种情况，则需要增加一些工作并需要访问用户和电影数据库。

应用程序的基本结构

示例 Web 应用程序遵循前面几章一样的模式，从引擎池中选取一个预测引擎后注入到控制器中。

```
public class RateController : Controller
{
    private readonly RatingService _service;

    public RateController(PredictionEnginePool<RatingData,
        RatingPrediction> ratingEngine)
    {
        _service = new RatingService(ratingEngine);
    }

    // ...
}
```

RatingService 类负责从前端收到的数据中调用模型。

```
public RatingPredictionInfo Recommend(UserMovieInput input)
{
    var modelInput = new RatingData {MovieId = input.MovieId, UserId =
input.UserId};

    // 预测电影评分
    var prediction = _ratingEngine.Predict("SampleRanking.Recommender",
modelInput);

    // 修整小数位
    var score = (float) Math.Round(prediction.Score, 2);
    // ...
}
```

我们训练的模型只能为给定的用户返回电影评分。上述代码中的 Score 变量是预测用户对电影给出的评分，1~5 之间的一个数字。

用户界面

示例页面包含一个 HTML 表单，通过它来收集用户 ID 和电影 ID。图 9.3 的用户界面确实比较简陋，只能用输入字段来接受 ID 值。在实际应用中，可能需要一个下拉菜单来显示电影标题和隐藏 ID，而用户 ID 很可能是基于当前登录用户自动给出的。无论如何，都可以假设图中的两种输入数据始终可用。

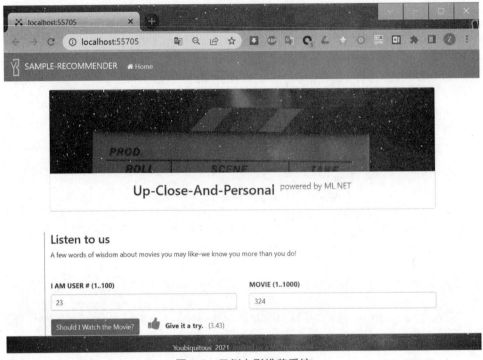

图 9.3　示例电影推荐系统

用户 ID 和电影 ID 被 post 到一个控制器端点，并按之前讨论的方式进行处理。其结果是代表预测的偏好程度的一个浮点值。应该如何向用户呈现原始响应？以下代码提供了我们人类更能看懂的类的评分版本。

```
if (prediction.Score >= 0 && prediction.Score <= 1.5)
    info.HumanReadableScore = new HumanScore {Text = " 最好别看！",
        Style = "fa fa-2x fa-thumbs-down"};
else if (prediction.Score <= 2.74)
    info.HumanReadableScore = new HumanScore {Text =
            " 可以试一下，但可能不好看。",
        Style = "fa fa-2x fa-thumbs-down"};
else if (prediction.Score <= 4.0)
    info.HumanReadableScore = new HumanScore {Text = "Give it a try.",
        Style = "fa fa-2x fa-thumbs-up"};
else
```

```
info.HumanReadableScore = new HumanScore {Text = "你肯定会喜欢这部电影的。",
    Style = "fa fa-2x fa-heart"};
```

HumanScore 类是一个普通的数据传输对象，只有两个字符串属性（Text 和 Style），纯粹是为了在 UI 上使用而创建。

9.3 机器学习深入思考

虽然矩阵分解可能是协作同滤的最有效的算法，但建立一个推荐系统并不容易。有时会非常复杂，以至于一个相当幼稚的解决方案往往也会被认为是可以接受的。归根结底，这一切都取决于在特定的场景中需要多么准确。让我们从前面提到的 Netflix 挑战赛开始。

9.3.1　如果喜欢奈飞

如果要设计一个预计每天平均生成 300 亿条预测的推荐系统，那就必须要处于领先地位。必须能看透人的大脑，并尝试理解他们在想什么。这是一个关系到企业生存的问题，是领先于竞争对手的优势。更重要的是，它必须成为你独创的、与众不同的特质。为此，你甚至发起了一次公开挑战赛，目标是将目前的最佳成绩提高 10% 或更多。在这个比赛中，想要的并不只是一个更好的解决方案，还是一个显著领先于同行的解决方案。

是的，这就是我们刚才说过的那次比赛。如果你是奈飞，还会考虑哪些因素？

所有基于协同过滤的模型最终都试图捕捉用户和电影（即要推荐的东西）之间发生的互动。然而，每个用户都是不同的，每个人都可能受到某种形式的偏见的影响。例如，一些用户可能表现出一种系统性的倾向，对于同样的有效感受，他们会比其他人给出更高（或更低）的评分。这是再正常不过的事情，所以如果你是奈飞，那么会想缓和一下。这可能需要围绕一个特定于用户的时间序列来组织预测，这个时间序列只理解真实的用户 - 电影交互。在这种情况下，评分的尺度（量表）在整个数据集中可能是相同的。这可能意味着要对用户进行分组并训练多个模型，或者可能保留通过 KNN 创建的电影聚类，并在全局和特定于用户的集群之间找到匹配。一种方法是使用自动编码器神经网络，将用户和电影信息缩减为一个新的、更小的表示。这个编码器将传达个人用户信息（性别、年龄、职业和住所）和电影事实（导演、年份和流派）。对用户的表示甚至可以用以前的评分来进一步丰富，以形成一个对用户的表达，该表达是对用户作为媒体平台消费者全方位的综合。

还要注意批量评分。用户通常不会电影一看完就马上开始评分。有时，实际观影体验和评分之间会有几天的间隔。人们普遍认为（心理学也证实了这一点），即使在进行批量评分时，用户仍然倾向于表达个人的自然偏好。这里的问题是，你可能会遇到每部电影的评分数量不对称的情况。通常，一部提供强烈反馈（无论正面还是负面）的电影被记住的时间会更长，因此得到的评论往往更多。因此，一些电影最终会得到的评分较少，从而在可用的数据集中造成不一致。

还要注意用户共享同一个账户的情况。随着时间的推移，同一个用户的评分可能不遵循一个可识别的模式，或者可能遵循多种模式。此外，还要考虑到，即使用户不共享账户，也可能随着时间的推移而改变他们的情绪和喜好，所以他们的评分遵循不同的模式。算法是否应该考虑几年前提供的同样的评分？是否应该从中剔除旧的评分？对此，并没有一个明确的答案，而且在某种程度上，所有答案都是好的。这取决于你是谁以及你想建立什么观点。

9.3.2　如果你不喜欢奈飞

如果你的业务在经济上基于用户根据你的推荐所做的事情（看更多的东西、买更多的东西或做更多的工作），那么准确率是一个关键的指标，应该考虑到可能改变你手头数据的每一个因素。如果不属于这种情况，也可以考虑一种较为朴素的解决方案。在这种情况下，甚至可以完全避免机器学习，选择一个专家系统就好。

换言之，这就像你想要从一个试图预测出租车费的回归算法中获得的准确度。对于一家有竞争力的、知名出租车公司，必须要能预测出接近于精确的价格。在其他商业场景中，提供一个费用预测可能有所帮助，但不太准确的预测也能接受。第 4 章讲过，一旦经过训练，算法生成的预测模型对纽约（数据集的来源地）很有效，但一旦将美元换成欧元，对罗马来说也仍然可以接受。同样，所有这些都和你的预期相关。

总之，对于推荐系统来说，如果需要超越上述朴素的解决方案，事情可能就会变得相当复杂。而且不要忘了，奈飞在 15 年前就发起了对它的挑战！这是愿景，而非只是技术。

9.4　小结

像"排名"（或"搜索排名"）和"推荐系统"这样的术语有时会换着用，而且故意模糊两者之间的区别。虽然两种算法都试图以排序的方式呈现项目，但两者之间存在一些关键的区别。具体地说，推荐系统从许多用户那里收集数据来猜测每个用户的偏好。排名系统则在任何类型的信息检索系统中衡量文档的相关性。推荐系统不会收到来自用户的任何输入，但排名系统会。

两个系统都试图帮助用户获得他们正在寻找的东西。两者（尤其是推荐系统）都存在可能缺乏对结果的解释的问题。有趣的是，除了跟随推荐，用户没有办法检查推荐的质量。不过，在这样做的时候，他们打破了"推荐（或建议的文档）是好的（或与搜索相关）"这一核心声明。不过，增加可解释性是有问题的，而且仍然是一个在深入研究的课题。可能由于这个原因，在整个行业的排名解决方案中，你可能会从朴素的解决方案直接转进到相当复杂的解决方案，中间什么都没有。

随着下一章的到来，我们的 ML.NET 任务之旅就结束了。下一章又是关于分类，但这是一种非常特殊的分类：图像分类。

第 10 章

图像分类任务

猜测？不存在的。我靠的是确定性。

——迈克尔·法拉第 [1]

"一图胜千言"这句话对人类来说没问题，但放在软件中的话，情况则要复杂得多。人类的特点是拥有高度并行工作的大脑，能即时执行非常复杂的操作。而对计算机来说，取决于其内部架构，某些操作需要更多努力以及 / 或者大量的训练。最典型的例子是识别图像中的特征。这个宏观领域可以进一步分成至少两个更具体的领域：图像分类和物体检测。

图像分类的目的是根据所表示的内容将图像自动分类为一个或多个类别。从概念上讲，它与我们在第 5 章讨论的分类任务没有什么不同，只是我们没有许多特征列供分类算法提取相似性。图像是一种不同的东西，需要一种不同的环境来处理。

物体检测是计算机视觉的主要形式，指的是以与人脑相同的方式识别图像（或视频帧）中特色物体的能力。

在机器学习中处理图像带来了一个关键问题。现实上，IT 巨头之外的任何团队都无法从头开始。首先，它是深度学习，并没有可以拿来即用的算法。其次，需要建一个具有某些特征的神经网络（详情参见下一章），并在数以百万计的图像上训练它数百小时。这会产生相当大的计算成本，个人甚至大多数团队都不能轻松支付。

ML.NET 为此提供了一个解决方案，它使用的是称为"迁移学习"或"再训练"的捷径。虽然不是很完美，但效果还是可以接受的。

---

[1] 译注：Michael Faraday（1791—1867），英国物理学家，主要贡献有电磁感应、抗磁性和电解等。他能够用清楚与简单的语言传递思想，是一位优秀的实验家。

10.1　迁移学习

无论图像分类还是物体检测，通常都是在定制的应用程序中解决的，它们采用公开可用的、预先训练好的图像处理模型，并重新训练它们以达到更具体的目的。这就是本章要展示的方法。

10.1.1　流行的图像处理神经网络

迁移学习（transfer learning）需要在一个基础模型上构建。就图像而言，最流行的模型是 Inception。其中最特别的是 Inception v3，它作为一个图像识别模型，已被证明能提供显著的准确性。该模型经过多年的建立和完善，为可靠的计算机视觉实现奠定了基础。描述 Inception 内部结构的论文可以在这里找到：https://arxiv.org/pdf/1512.00567.pdf。

Inception 已经在 ImageNet 数据集上进行了训练。请访问 https://image-net.org/download.php，下载该数据集。

该数据集包含超过 120 万张图像，可识别超过 1000 个物体类别。换言之，Inception 模型有足够的能力在提交的图像中识别出 1000 多种常见的物体和实体。迁移学习的威力在于，可以很容易通过它来扩展 Inception 的核心能力，以满足自己的具体需求。还可以节省训练时间，而且通常是数量级的。当然，必须知道自己打算实现什么，在哪些图像上实现。根据自己的需要来调整 Inception，这样低的成本几乎每个人都能承受。

10.1.2　其他图像神经网络

Inception 只是最流行的一种图像处理预定义神经网络。还可以选择其他网络来建立自己的定制解决方案。所有这些网络都支持再训练，所以最终是要确定目标并充分利用这些神经网络的可编程性。

访问 https://tfhub.dev/s?module-type=image-feature-vector&tf-version=tf2，了解可以替代 Inception 的一些图像处理神经网络。

它们中的大多数最初都是在 ImageNet 数据库上训练的。每个神经网络都有不同的内部神经结构，因而有不同的训练成本，从用户的角度来看，得到的是不同的图像识别精度。

让我们先来看看如何在基于 ML.NET 的 C# 应用程序中使用 Inception。

10.2 通过合成进行迁移学习

迁移学习可以从两种方式中任选一种来进行。一种是通过 ML 图像分类任务；另一种是通过显式的模型合成（model composition）。ML 图像分类任务隐藏了大部分底层细节，而合成方式需要在预训练模型的结果之上显式构建一个新模型。先来看看合成方式。

模型合成所执行的任务与 ML 图像分类任务几乎完全相同，只是它的大部分步骤都要由我们显式地进行。任务通过惯例或参数对这些步骤进行分解。在模型合成的情况下，应用程序首先在训练管道中加载预先构建的 Inception 模型。其次，它把问题变成一个更容易处理的、典型的分类问题，就像我们在第 5 章看到的那样。换言之，预载的 Inception 模型允许我们提取与图像有关的特征，然后作为普通的分类任务来处理。

10.2.1 ML.NET 中的迁移学习模式

为了在 ML.NET 中释放图像分类和迁移学习的威力，首先需要在 .NET 解决方案中安装一些额外的 NuGet 包，具体如下：

- Microsoft.ML.ImageAnalytics
- SciSharp.TensorFlow.Redist
- Microsoft.ML.TensorFlow

Inception 是一个用 TensorFlow 建立的神经网络模型，它是此类任务最流行的框架之一。ML.NET 框架为了与模型和 TensorFlow 框架进行交互，除了需要模型的二进制内容，还需要一些必要的 ML.NET 绑定。图 10.1 展示了整体的连接情况。最终，自定义应用程序代码将收到一个重新训练的 ML.NET 模型，它基于 Inception 二进制文件和 ML.NET 绑定来构建。

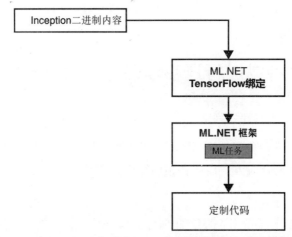

图 10.1 在 ML.NET 中对 TensorFlow 模型进行合成的整体架构

这条链的顶端是作为数据来源的训练好的模型。它来自 Inception 项目，是一个免费下载的文件，可以集成到 ML.NET 训练项目。前面提到的额外的 NuGet 包提供了原生 TensorFlow 框架（用于构建 Inception 的框架）和主机 ML.NET 框架（用于构建新的重新训练模型的框架）之间的绑定。注意，ImageAnalytics Nuget 包只有一个功能，在 ML.NET 中执行图像分类任务时，需要用到它。

10.2.2 新的图像分类器的总体目标

背后的思路相当简单：使用训练好的模型（Inception）从定制的图像数据集中提取特征，并将其转化为经典机器学习算法（例如多分类器）的合适输入。最后的目标是构建一个专门的、简单得多的图像分类器，它能用几个类别中的一个来标记图像。这种迁移学习过程的结果是我们能执行普通的多分类，只不过是图像而不是文本。

注意　自己动手构建神经网络来处理图像，这对小团队来说是不现实的。图像处理工具是一种复杂的、量身定制的神经网络，它由多种类型的神经网络通过多种类型的连接器组合而成。这不完全是一个觉得好玩就可以做的练习。要想试验神经网络，需要诉诸于 TensorFlow 或 PyTorch 等专用框架。未来版本的 ML.NET 有一个暂定的路线图，可能会提供用于构建神经网络的基础结构。

映射到典型的分类问题

为了分析图像的内容，神经网络建立了图像的一种数学表示，我们称之为图像的编码。

这样的表示穿越网络的各个层，每一步都变得更精确。当编码到达最后一层时，会使用网络预设的标签对原始图像进行分类。使用大型的预训练网络时，我们可以安全地假设，进入最后一层的编码能有效提供对处理后的图像的一致性表示。迁移学习只是覆盖了编码映射到标签的方式。在迁移学习的情况下，自定义标签被用来代替网络最初支持的标签。

在模型合成过程中，对最后一层的覆盖（override）是显式编码的；对于 ML 图像分类任务，则通过参数和配置进行。

10.2.3　了解可用的数据

任何迁移学习项目都有两种输入数据，一个是训练好的模型，另一个是要分类的（少量）样本图像。为了使用 Inception 模型作为已经训练好的模型，你需要拿到模型文件并将其保存到 ML.NET 项目的某个文件夹中。

最新版本的 Inception 模型下载地址是 https://bit.ly/2ShnXSA。解压文件时，会发现序列化的模型（一个 Protobuf .pb 二进制文件）和两个文本文件（一个是许可证，另一个是该模型在提交的图像中可以识别的 1 000 个类别的列表）。

下面构建必要的 C# 工具。

样本图像数据集

以下 C# 类定义了我们的训练数据集中的典型数据行。如前所述，有两个字符串属性。

```
public class ImageData
{
    [LoadColumn(0)]
    public string ImagePath;

    [LoadColumn(1)]
public string Label;
}
```

进行迁移学习时，无需一开始就从一个庞大的数据集开始。可以依靠一个经过充分训练、功能完备的模型；十几张图片也许就足以做一次快速演示，一千张（几千张更好）就足以构建一个更详细的合成模型了。这里有一个数据集的例子。它采用 TSV（制表符分隔）文本文件的形式。一列引用样本图像文件，另一列引用预期的类别。

```
veggie.jpg      food
pizza.jpg       food
pizza2.jpg      food
teddy2.jpg      toy
teddy3.jpg      toy
teddy4.jpg      toy
toaster.jpg     appliance
toaster2.png    appliance
```

我们使用熟悉的 LoadFromTextFile 方法（由 Data 目录类提供）将该文件加载到管道。

```
var mlContext = new MLContext();
var data = mlContext.Data.LoadFromTextFile<ImageData>(trainingDataPath);
```

和第 5 章展示的多分类例子一样，需要映射类别名称来预测唯一的数字。任何模型（神经网络也不例外）都只能对数字进行操作！如 ImageData 类的声明所示，要转换为数字的列是 Label（第二列）。新列的名称是 LabelKey。

```
// 添加新的 LabelKey 列，将 Label 列中每个不同的值转换成一个数值
var converter1 = mlContext.Transforms.Conversion.MapValueToKey("LabelKey",
"Label");
```

这仅仅是数据转换过程的第一步，此外还需要做更多的工作来添加所有必要的转换，才能使 TensorFlow 模型正常工作。

进行必要的图像转换

我们构建的图像分类器本身并不能处理图像，而是要靠 Inception 模型库来处理。然而，要做到这一点，训练数据集必须还要包括图像信息，而且需要以底层神经网络能够理解的格式。

通过引用 Microsoft.ML.ImageAnalytics NuGet 包，可以访问为 Inception 模型量身定制的三个估算器。由 LoadImages 方法执行的第一次转换为数据集添加了一个名为 input 的新特征。然后，通过其余估算器的连锁动作对这一列的内容进行迭代转换。

```
// 为 Inception 模型创建专用估算器
var loading = mlContext
    .Transforms
    .LoadImages("input", _trainImagesFolder, "ImagePath");
var resizing = mlContext
    .Transforms
    .ResizeImages("input",
InceptionSettings.ImageWidth, InceptionSettings.ImageHeight,
    "input");
var extracting = mlContext
    .Transforms
    .ExtractPixels("input",
        null,
        ImagePixelExtractingEstimator.ColorBits.Rgb,
        ImagePixelExtractingEstimator.ColorsOrder.ARGB);
```

LoadImages 估算器使用 ImagePath 列的内容来定位图像，并将其位图加载到新的输入特征中。ResizeImages 估算器调整 Inout 特征中位图的大小，ExtractPixels 估算器则提取颜色信息。在这个链条的末端，最初添加的 input 特征包含从 ImagePath 列指定路径中加载的图像之像素信息。图 10.2 展示了这一过程。

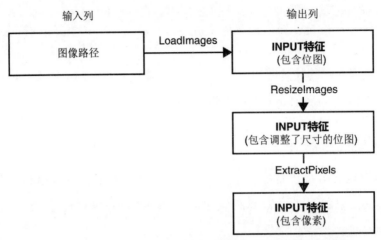

图 10.2　为了调用 Inception 模型，需要先对特定图像执行转换

10.2.4　合成训练管道

现在，让我们为最终的自定义图像分类器合成训练基础结构。首先需要将 TensorFlow 模型附加到 ML.NET 管道中，然后引入打算为多分类使用的特定训练器。

将 TensorFlow 模型添加到管道

要导入的 TensorFlow 模型作为项目中的某个文件保存。如果想要把它加载到 ML.NET 管道，只需要知道它的路径，然后调用 Model 目录类的 LoadTensorFlow Model 方法即可。

```
var inceptionPipeline = mlContext
    .Model
    .LoadTensorFlowModel(tfModelPath)
    .ScoreTensorFlowModel(new[] { "softmax2_pre_activation" }, new[] { "input" },
true);
```

我们向 ScoreTensorFlowModel 方法传递输出列和输入列的数组来调用之前加载的 TensorFlow 模型。在本例中，每个数组都包含一列的内容。输出列是 softmax2_pre_activation（该列的名称取决于实际使用的网络，本例是

Inception）。输入列是 input（通过上述的图像转换后获得这个 input 列）。这两列构成了 TensorFlow 预训练模型的输出和输入。通过 input 列，模型接收要处理的图像；通过 softmax2_pre_activation 列，它返回神经网络对这些图像的输出。

重新训练 TensorFlow 模型

最后一步是获得 Inception 模型库的输出，并进一步用它构建我们的自定义图像分类器。为此，需要执行和本书以前演示的多分类例子一样的操作。

```
var trainer = mlContext
    .MulticlassClassification
    .Trainers
    .LbfgsMaximumEntropy("LabelKey", "softmax2_pre_activation");
var converter2 = mlContext
    .Transforms
    .Conversion
    .MapKeyToValue("PredictedLabelValue", "PredictedLabel");

// 构建整体管道
var trainingPipeline = converter1
    .Append(loading)
    .Append(resizing)
    .Append(extracting)
    .Append(inceptionPipeline)
    .Append(trainer)
    .Append(converter2)
    .AppendCacheCheckpoint(mlContext);

// 训练并保存模型
var model = trainingPipeline.Fit(data);
mlContext.Model.Save(model, dataViewTraining.Schema, _modelPath);
```

这里选择使用的是 LbfgsMaximumEntropy 分类算法。它要获取将要用于填充响应的列的名称；这是一个已经恰当地创建的数字列，即 LabelKey。它还获取要作为其输入的列的名称；在本例中，我们传递 TensorFlow 模型的输出作为它的输入。

根据文档，该算法返回一个响应，其中包括一个名为 PredictedLabel 的索引和一个浮点值数组，每个浮点值都代表任何可能的图像类别的得分，该属性被命名为 Score。不过，类别索引对我们来说还不够，所以说要调用 MapKeyToValue

将索引变成一个字符串值。这样一来，模型的响应就可以映射到以下 C# 类。

```
public class ImagePrediction
{
    public float[] Score;
    public string PredictedLabelValue;
}
```

这样，我们最后就能调用合成的模型，传递一个 ImageData 对象，并接收一个 ImagePrediction 对象。

10.2.5 设置客户端应用程序

图像分类器示例客户端应用程序将接受（或检索）图像，并基于一个有限的标签列表为其添加适当的标签。可能的现实世界的例子是一个前端应用程序，它要求用户上传头像、证件照片和个人照片，从而与其他用户分享。一个易于使用的用户界面应该允许用户直接上传照片，不需要按照特别的顺序，也不需要自行输入什么名称。然后，后台的机器学习模块可以对上传的照片进行适当地分类。这就是本章要讨论的场景。

应用程序的基本结构

这里构建的 Web 应用遵循本书之前各章一样的模式。从一个引擎池中选择一个预测引擎，然后与 Web 主机容器对象一起被注入控制器。

```
public class ImageController : Controller
{
    private readonly ImageService _service;
    private readonly IWebHostEnvironment _env;

    public ImageController(PredictionEnginePool<ImageData, ImagePrediction>
        imgClassifierEngine, IWebHostEnvironment env)
    {
        _service = new ImageService(imgClassifierEngine);
        _env = env;
    }

    // ...
```

```
}
```

ImageService 类在通过 HTML 文件上传器从前端接收到的数据上调用模型。

```
public async Task<IActionResult> Suggest(IFormFile imageFile)
{
    if (imageFile == null)
        return null;
    // 将图像保存到服务器本地
    var filePath = $"{_env.WebRootPath}\\uploads\\{imageFile.FileName}";
    await using var fs = System.IO.File.Create(filePath);
    await imageFile.CopyToAsync(fs);
    fs.Close();

    // 准备调用模型
    var input = new ClassifiedImage {ImageFile = filePath};
    var response = _service.Predict(input);
    return Json(response);
}
```

我们训练的模型只能识别三类图片：食物（food）、电器（appliances）和玩具（toys）。不得不承认，示例代码中使用的图像数量少得离谱。因此，除非用至少几百幅额外的图像重新训练它，否则期待着会一些有趣的响应吧。甚至可以根据自己的需要更改目标类别（例如头像和文档）。

```
public class ClassifiedImage
{
    // 源图像
    public string ImageFile { get; set; }

    // 预测的类别
    public string TargetClass { get; set; }

    // 属于每个可能类别（即 food, toys, appliance）的分数
    public float[] Score { get; set; }

    // 渲染时使用的服务器端图像的 Web URL
    public string ImageUrl { get; set; }
}
```

上述 C# 类渲染提供给客户端的响应，并在用户界面上显示出来。

用户界面

示例网页包含一个 HTML 表单，用户可以通过它上传图片。后台对图片进行分类，并返回目标类别，以及服务器端存储的图片的 URL，以便进行渲染。不用说，将图像作为服务器上的一个文件保存只是权宜之计。更有可能的是，你会把它保存到某个 blob 存储中，并用模型的响应来标记文件。

> **注意** 将图像保存到服务器端，可以为将来的重新训练构建一个免费的图像数据库。特别是，可以设计一种交互方式，要求用户对图像的分类是否正确进行评论。

图 10.3 展示了示例应用程序的索引页。注意，客户端项目也要引用你在训练器项目中引用的三个额外 NuGet 包：Microsoft.ML.ImageAnalytics、Microsoft.ML.TensorFlow 和 SciSharp.TensorFlow.Redist。

图 10.3　使用图像分类器模型的示例应用程序

10.3　ML 图像分类任务

模型合成是 ML.NET 提供的第一种迁移学习方法。后来，团队还增加了一种新的原生迁移学习方法。问题还是将知识从一个模型转移到另一个模型，需要一小部分时间来训练和工作。但有了原生的迁移学习方法后，就不需要通过 C# 代码显式对管道进行合成了。相反，所有的魔法都是通过图像分类 API 来进行的。它还利用了 TensorFlow.NET，这是一个为 TensorFlow C++ API 提供 C# 绑定的低级库。

10.3.1　图像分类 API

在内部，图像分类 API 首先加载预先训练好的 TensorFlow 模型来进行训练，然后，按照程序员的指挥重新训练。因此，图像分类 API 的活动分为两个步骤：

● 瓶颈阶段

● 训练阶段

总的来说，这两个阶段通过模型合成来提供与之前描述一样的服务。

瓶颈阶段

"瓶颈"是对神经网络倒数第二层的一种非正式的称呼。该 API 通过预训练的模型一直工作到倒数第二层。在那里，它为要求的自定义训练形式注入一些自定义代码。瓶颈阶段执行之前描述的对输入图像的像素执行的工作，并通过神经网络初步的冻结层运行图像。

这里的"冻结"意味着在生产中使用初步的神经网络层，不在它们上面发生训练。训练（实际是再训练）只在新的最终层发生。

图像分类 API 的优点在于，它被设计成可与多个图像分析预训练模型一起工作，而不仅仅是 Inception。冻结层的数量越密集，初步的图像分析就越准确。这个分析从提交的图像中提取较低级的特征，并稍后在覆盖层中最终确定。还要注意的是，更多的层需要更多的计算，通过增加一个缓存层，可以进一步提高性能。

训练阶段

在新图像分类器的训练阶段，预训练的模型像在生产环境中一样工作。由瓶颈层计算的输出值被用作输入，以重新训练模型的最后一层，即自定义层。注意，这个过程是迭代进行的，运行次数作为 API 的参数指定。

每次运行时，都会对损失和准确率进行评估，并进行适当的自动调整，目的是提高最终结果的质量。有趣的是，输出是双重的。最后会得到一个代表 ML.NET 本地格式的 ZIP 文件和一个代表 TensorFlow 源模型的 Protobuf（.pb）文件。这样一来，就可以在 ML.NET 外部重新导入由 ML.NET 训练的模型，并在 Python 这样的环境中以原生方式使用它。

10.3.2 使用图像分类 API

以下代码展示了如何使用图像分类 API：

```
var pipeline = mlContext
    .MulticlassClassification
    .Trainers
    .ImageClassification(classifierOptions)
    .Append(mlContext.Transforms.Conversion.MapKeyToValue("PredictedLabel"));
ITransformer trainedModel = pipeline.Fit(trainSet);
```

如你所见，代码更紧凑了，之前在模型合成的例子中所遇到的许多细节现在都被集成到了 ImageClassification 任务中。现在来看看可以传递给任务的参数。

```
var classifierOptions = new ImageClassificationTrainer.Options()
{
    FeatureColumnName = "Image",
    LabelColumnName = "LabelAsKey",
    Arch = ImageClassificationTrainer.Architecture.InceptionV3,
    ReuseTrainSetBottleneckCachedValues = true,
    ReuseValidationSetBottleneckCachedValues = true
};
```

其中最重要的参数是 Arch，它引用了要在瓶颈阶段使用的底层神经网络。如图 10.4 所示，有多种公共图像分类器都得到了支持。

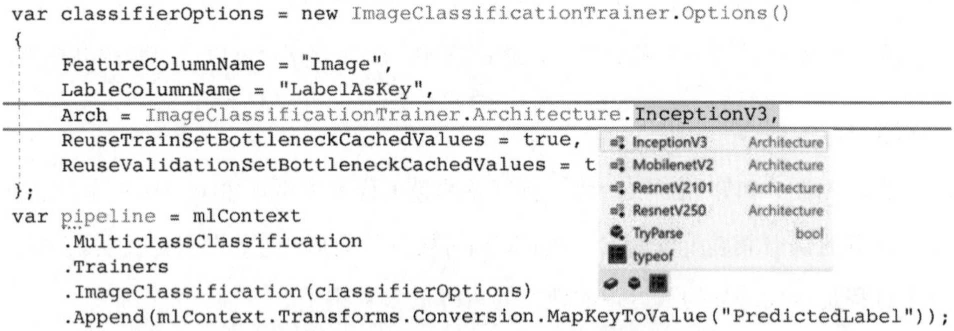

```
var classifierOptions = new ImageClassificationTrainer.Options()
{
    FeatureColumnName = "Image",
    LableColumnName = "LabelAsKey",
    Arch = ImageClassificationTrainer.Architecture.InceptionV3,
    ReuseTrainSetBottleneckCachedValues = true,
    ReuseValidationSetBottleneckCachedValues = t
};
var pipeline = mlContext
    .MulticlassClassification
    .Trainers
    .ImageClassification(classifierOptions)
    .Append(mlContext.Transforms.Conversion.MapKeyToValue("PredictedLabel"));
```

InceptionV3	Architecture
MobilenetV2	Architecture
ResnetV2101	Architecture
ResnetV250	Architecture
TryParse	bool
typeof	

图 10.4　ML.NET 图像分类 API 支持的模型架构

除了设置标签名称的属性，值得注意的还有两个属性，分别是 ReuseTrainSetBottleneckCachedValues 和 ReuseValidationSetBottleneckCachedValues，它们允许你缓存冻结值来提升性能。

> **注意**   为了使用图像分类 API，还应安装一个额外的 NuGet 包：Microsoft.
> ML.Vision。

10.4   机器学习深入思考

无论是出于个人兴趣还是商业原因，搜索照片都是一种挑战，因为所寻求的信息是一种纯粹的视觉信息。无论是否愿意接受这一事实，但目前的人工智能很少有什么"智能"。机器学习是将人工智能向新的高峰推进的最强大的工具，但就目前而言，它对信息的分析更多是粗暴的，而不是智能的。在图像处理方面，人眼与人脑合作，可以做得无限好，而且快得多。

10.4.1   人脑的魔法

谷歌公司在 2013 年左右推出了一项新的服务，让登录用户能搜索他们自己存储在云端的照片。该服务能根据内容检索照片，能识别照片中存在的大多数物体。它从未被宣传为 AI，但它绝对是现代 AI 的第一个迹象，以某种方式为世人所知。

它证明了计算机视觉是可能的，软件可以对图像进行接近人类标准的分类。从纯功能的角度来看，该服务带来了许多好处。首先，也是最重要的一点，借助这项服务，用户可以不再进行极其烦人的手动标记照片的工作，可以使用以内容为导向的术语查询他们从未标记过的照片，这些术语在他们所想的背景下自然而然地出现。

人脑识别物体的过程在很大程度上仍然是未知的。在 2019 年的一项研究中，麻省理工学院的研究人员表示，他们发现了大脑的一个特定区域（颞下皮质）在物体检测过程中的重要参与证据。特别是，在这个区域，小群的神经元似乎每一群都能识别特定的物品，如脸部或物体。虽然人类视觉的细节基本上还是一个灰色地带，但一般来说，视网膜向大脑提供视觉信息，而视觉皮层将输入转化为连贯的感知。换言之，它以某种方式对信息进行编码，在神经元计算链的末端生成对所见物体的感知。欲知详情，可参考下面这篇报告：https://news.mit.edu/2019/inferotemporal-brain-object-recognition-0313。

在软件中，图像分类的工作方式与此基本相同。神经网络被用来实现一个多步骤的计算，其中原始输入被转化为最终的答案。

10.4.2　人工打造的神经网络

图像分类是作为一个有监督的问题来处理的，图像根据其像素内容被分配给一个目标类别。训练数据集由图像（基于像素的文件）和已知的目标类别组成。然而，神经网络并不处理原始像素。任何一张图像都包含大量不应被计算在内的小的像素变化。在一张从较大距离拍摄的照片中，一只个头稍小的狗仍然是一只狗，但从像素上看，它与另一张狗的照片明显不同。物体的位置、背景、环境照明、拍摄角度以及焦距都会造成像素的变化。只处理 RGB 值的话，显然不足以胜任这项工作。

纹理、形状和颜色直方图提供了比原始像素颜色更稳定的信息表示，但缺点是它只是把负担转移到特征工程上。哪些颜色是最相关的？哪些形状，有多大或多小？旋转呢？形状的定义在理想情况下应该有多大的灵活性？近年来，随着一种特殊类型的神经网络——卷积神经网络（Convolutional Neural Network，CNN）的发现，图像分类技术才更上了一层楼。我们将在第 11 章讨论神经网络，并探索其分类法。

总之，人工打造神经网络是可能的。如果你是谷歌，它建立起来会容易得多。但是，即使是谷歌，成本也是相当高的。而且，如果没有适当的和重量级的技术，它仍然可能是不准确的。用于图像分类的神经网络的最大成本项是数千小时的训练（包括 CPU 和 GPU）和类似图像的可用性。虽然听起来很有争议，但计算机需要数千张类似的图像和数小时的训练，才能识别出小孩子一眼就能看出来的同一只猫——不管这只猫的位置、大小或图像的背景 / 环境如何。

10.4.3　重新训练

如果是谷歌（或其他任何巨型公司），也许能采取建立某种内部神经网络的路线，教它如何识别特定领域的图像（例如某些运动手势）。这并不便宜，但可能值得。

如果不是一家超大型公司，那么虽然并不完美，但重新训练可能是最佳选择。重新训练基于一个现有的和冻结的神经网络，此时只能改变它的最后一步，覆盖并定制结果。

在这种情况下，通常会采用一个为常规物体检测而整合的预训练图像神经网络，添加自己的目标类别，并针对特定类型的图像进行训练。你仍然需要数百（乃至数千）张自定义图片来处理，但通过几个小时的训练（而且很可能不需要昂贵的 GPU 活动），就肯定能得到不错的结果。

10.5　小结

机器学习的大部分魅力在于自己动手打造模型，使其按照自己想要的方式行事。在某种程度上，这让我们想起了过去的软件时代，其中每个程序都必须是手工制作的，而且很少被重用。迁移学习是将软件重用（和模块化）的概念应用于机器学习。

本章解决了一个相当吸引人的问题，即识别图片中存在的物体。这是一个艰难的问题，需要一个复杂的神经网络和数以百万计的图片以及数千小时的训练。因此，手工打造的解决方案对于小团队来说根本无法承受。大公司意识到了这一点，所以他们已经研究出了预先训练好的、足够准确的公共图像神经网络，并使其可以定制。这就是重新训练或迁移学习的根本。

在 TensorFlow 中，可以完全替换倒数第二层，获取前几层计算好的特征，然后根据自己的需要改变最后一步。在 ML.NET 中，这个自定义步骤已经被包装在一个内置的模块中（"图像分类"任务），并且通过超参数进行自定义。

本章还讨论了模型合成，这是迁移学习的另一种方式，它要求在自定义图像上运行一个预训练的神经网络，然后将问题映射成为普通的多分类问题。

到此为止，我们已经讲完了所有 ML 任务。本书最后两章将涵盖神经网络这个迷人的主题。

第 11 章

神经网络概述

> 数学可以使你做现实世界中做不到的事情。

> ——马库斯·杜·索托伊 [1]

前几章的思路是，对于每一项机器学习任务，只要配置得当，就会有几种可选的算法能返回足够准确的响应。但是，现实情况并没有那么乐观。事实上，找不到合适算法的机率比你想象的要高一些。更不用说，我们之前为各种问题探索的所有算法都只对数字和表格式数据起作用。如果输入的不是数字，而是图像、视频或声音呢？

当问题和/或数据源的内在复杂性超过一定程度时，你就需要超越直接的算法和浅层学习，向更深层次的学习形式发展。所以，欢迎来到令人眼花缭乱的神经网络世界！

11.1 前馈神经网络

神经网络的历史相当悠久，甚至比计算机的历史还要长。现代计算机的雏形出现在 20 世纪 50 年代，是围绕冯·诺伊曼机器模型设计的。好吧，不管你信不信，神经网络的萌芽早在十年前的第二次世界大战高峰期就出现了。

1943 年，沃伦·麦库洛赫（神经科学家）和沃尔特·皮茨（数学家）在美国设计了一个数学模型来描述当大脑处理高度复杂模式的识别时进行的处理。该模型被设计为以物理大脑中神经元连接的相同拓扑方式连接许多基本细胞。麦库洛赫和皮茨还给出了一个初级但实用的人工神经元模型。这只是一个数学模型，

---

① 译注：英国数学家和科普专家，牛津大学西蒙尼公众理解科学教授和牛津大学数学教授，英国数学协会主席。

没有物理映射到诸如阀门、二极管和电阻等东西，但足以成为多年后现代神经网络的起点。

从麦库洛赫和皮茨模型衍生出来的第一个神经网络家族是前馈神经网络（Feed-Forward Neural Network，FFNN）。如今，FFNN 代表最常见的一种神经网络类型，尽管它往往并不足以解决 21 世纪的现实世界问题。

11.1.1 人工神经元

神经网络由一层层的人工神经元组成。可以把人工神经元想象成一个函数，它接受几个输入值并返回一个二进制值（参见图 11.1）。最初，输入值也被设计为二进制值。今天，它们只是实数。

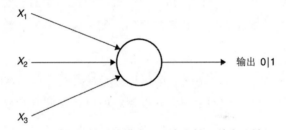

图 11.1 感知机的总体模式，历史上第一种人工神经元

与人工神经元紧密相关的是激活函数的概念。

激活函数

作为史上第一种类型的人工神经元，感知机做了两件关键的大事情。

- 它将在输入中接收到的每个值都乘以一个称为权重的系数，并计算所有积之和。可以把这个操作看成是两个向量（输入数据和权重）的标量积。
- 如果计算值等于或超过一个给定的阈值，它就返回 1；否则返回 0。

下面用一个公式来表达：

$$输出 = \begin{cases} 1 \ if \ \sum_{i=1}^{n} x_i * w_i \geq 阈值 \\ 否则 0 \end{cases}$$

为了使这个函数更通用，我们可以添加独立于输入和权重的一个偏置项（bias）。添加偏置项后，上述公式就转变成了以下形式。注意，在以下公式中，我们为输入向量 X 和权重向量 W 的标量积使用了一个更紧凑的符号。

$$
\text{输出}=\begin{cases} 1 \ if \ X \cdot W + b \geq 0 \\ 0 \ if \ X \cdot W + b < 0 \end{cases}
$$

这样的函数称为激活函数（activation function）。阈值让我们想起了激活人脑中的突触所需要的电阈值。感知器对任何收到的输入进行赋权，只有当实际值超过一个给定的置信度时才会做出决定（即返回 1）。感知器是一个非常简单的神经元，就只是一个二元和线性的分类器，所做的只是绘制一个超平面。不过，正是感知器的简单性赋予了它一个非常有趣的特性：可以用来模拟一个 NAND 门。

NAND 和功能完备性

在电子学中，NAND（与非）门是一种逻辑门，如果它的所有输入都为真，就返回假；否则返回真。NAND 是 AND 门和 NOT 门的组合。NAND 门在功能上是完备的，这意味着其他所有逻辑门（AND、NOT 和 OR）都可以通过 NAND 门的组合来实现。例如，AND 门可以通过两个 NAND 门的串联来获得。一旦有了 NAND 门，就可以实现任何逻辑表达。

通过适当地组合权重和偏置，就可以用感知器来模拟 NAND 门。下面用一个例子来说明。

图 11.2 的感知器的偏置为 3，–2 是输入参数、的权重。假设二进制输入为 00（全假），我们看到在这种情况下，计算出的总和为 3，等于阈值，结果是输出一个为 1 的响应。反之，假设输入为 11（全真），我们得到 –1，它不等于或大于阈值，结果是输出一个为 0 的响应。因此，感知器作为一个 NAND 门工作。

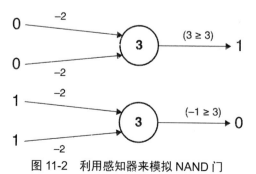

图 11-2　利用感知器来模拟 NAND 门

与 NAND 的等价性赋予了感知器充分的表现力，通过微调权重和偏置，可以校准神经元，使其完成计算。换言之，训练过程是建立在感知器之上的，可以驱动去发现理想的权重和偏置值，从而更准确地计算出我们想要或者预期的东西。

11.1.2 网络的层级

感知器的强大之处在于，它使我们有机会通过简单地添加更多的层、更多的输入和更多的连接来实现任何功能流程。这里的思路是，转发一个神经元的输出，使其成为后续感知器层中另一个神经元的输入。通过这种方式，信息只是向前传播，直达链条的末端。

从本质上说，这就是一个前馈神经网络（FFNN）。

隐藏层

第一层的神经元是网络的输入，最后一层则是输出。所有中间层（神经元既不是网络的输入，也不是网络的最终输出）都称为隐藏层。在图 11.3 中，这些隐藏层的神经元被渲染成空心圆。

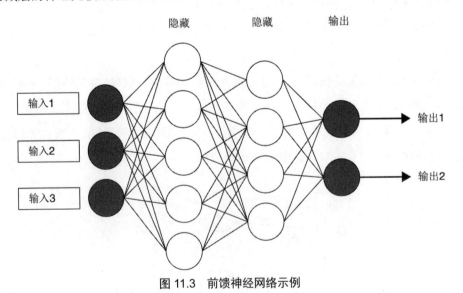

图 11.3　前馈神经网络示例

属于连续层的所有神经元都接受上一层连接的神经元计算的输出作为输入。神经元的输出是通过激活函数来获得的。每一层神经元都有自己的激活函数。

前馈神经网络的每一层都增加了复杂性和抽象性，因为不是在处理原始的输入数据；相反是在处理它的一些转换结果。这也是"深度学习"一词的由来：神经网络的深度（或网络中的层数）影响并决定了学习的能力。最后要注意，在图11.3 中，"输出"层显示的不只是一个值。一般来说，神经网络的输入和输出都应该被看成是向量或者向量的序列。

> **注意**　前馈神经网络是信息只能向前（而不能向后）传播的网络。在其他更复杂的神经网络类型中，信息是可以来回传播的。

实现网络的学习能力

现在，我们有了一个可以进行大量计算的神经网络。不过，这些计算的准确性取决于权重和偏置。虽然可以提前设置这些值，但如果网络能够自己学习这些值就更棒了。事实上，就现实而言，由于需要处理数量巨大的连接和权重，所以手动设置权重和偏差可能是非常不现实的。

不过，为了建立一个有效的学习机制，我们需要对输出进行更多的控制。换言之，如果稍微更改了其中一个权重或偏置，我们也希望输出也能稍微且连续地做出改变。这样，通过连续进行改进，我们就可以简单地处理一个特定的输入，从而最终获得我们想要寻求的值。与此同时，不必大幅修改其他所有输入及其与输出层的连接。

为了实现整个神经网络的学习能力，我们需要更复杂的激活函数。为此，需要一种更复杂的人工神经元。

11.1.3　Logistic 神经元

如前所述，感知器采用阶跃函数（step function）作为其激活函数。在数学中，阶跃函数是一个分段恒定（piecewise constant）的函数，其整个输出是通过对特定的输入段应用恒定的子函数来决定的。阶梯函数既不连续也不可分。为了实现学习能力，我们凭直觉就知道需要更多（数学上的）规律性。

数学上的规律性是避免因输入的微小变化而引起输出的巨大变化的关键因素。为了能够学习，二元的 0/1 选择已经不够，我们需要 0 和 1 之间的整个实数空间。

S 型激活函数

人们后来用一种新型神经元取代了感知器，它称为 Logistic（或 S 型），是一种数学上连续的激活函数。

$$\sigma = Output\left(Z\right) = \frac{1}{1 + e^{-z}}$$

在这个公式中，其中是偏置，是输入向量，是权重向量，而是标量积。上面的函数就是一个 S 型函数（sigmoid），图 11.4 绘制了它的曲线。

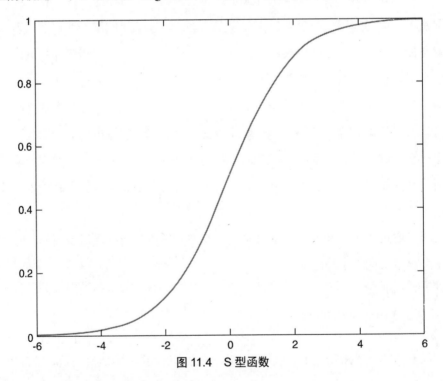

图 11.4 S 型函数

S 型函数是一个有界（bounded）、可微（differentiable）的函数，是为所有实数输入值而定义的。它的输出在 0 和 1 之间连续变化，即使既不会到达 0，也不会到达 1。

从阶跃函数到 S 型函数

使用 S 型函数只是修改了每个神经元转发到下一层的值，但并没有改变前馈神经网络的层数和连接数。该值不再是一个二进制值，而是一个 0~1 的连续值。如图 11.4 所示，对于大值，S 型激活函数接近 1，而对于非常小的值，它保持在接近 0。因此，在极端情况下，该函数的行为其实和感知器所用的阶跃函数一样。

我们用感知器开始讨论前馈神经网络，因为它们存在固有的学习价值。但在现实生活中，已经没人在用感知器了。在数学上处理连续值更有意义，在进行神经网络的实际训练时，被证明更加有用。

11.1.4　训练神经网络

神经网络大多数时候只用于监督学习，其训练过程与其他任何有监督的机器学习方法没什么两样。训练的关键步骤还是确定一个函数，它能最好地衡量网络所做的预测与预期值之间的距离。

训练多层前馈网络的最常见的算法是利用误差的反向传播。

反向传播算法

反向传播算法最早出现于 20 世纪 60 年代末，但直到 80 年代中期，才被真正应用于机器学习。如今，它已成为最常用的一种技术。

该算法是围绕梯度下降的实现而建立的。换言之，它是一种数学工具，通过在最陡峭的下降方向上探索数值来找到一个函数的最小值。在反向传播算法中，梯度的计算在网络中反方向进行的，也就是从最后一层到第一层的神经元。梯度首先在最后一层的权重上计算，错误信息被向后推到前一层，在那里重复计算局部权重。这个过程不断进行，直到到达初始层。在反向传播中，对各种权重值进行修改的规则是递归的，从输出层向后进行，直到到达输入层，如图 11.5 所示。

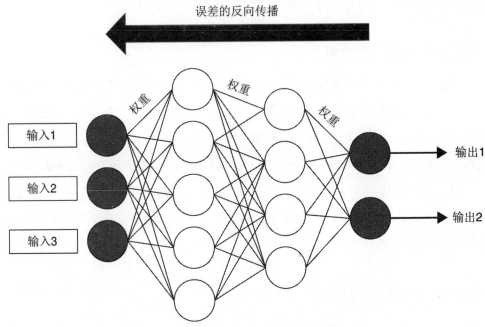

图 11.5 误差信息从最后一层向后流向第一层

算法的步骤

反向传播算法将四个关键步骤嵌套在三个不同的循环中。最外层的循环是关于整个数据集的，被称为"历时"（epoch）。"历时"是指所有数据送入网络中，完成一次前向计算及反向传播的过程。对于每个"历时"，训练数据集被分解为给定 m 大小的一些小批次。第二个循环对每个小批次进行操作。最后，最内层的循环对当前小批次中的数据行进行处理。下面是一些伪代码。

```
foreach(var epoch in epochs)
{
    var batches = SplitDatasetInMiniBatches(sizeOfBatches);
    foreach(var batch in batches)
    {
        foreach(var row in batch)
        {
```

```
            // 步骤 1：计算给定行的输出
            // 步骤 2：计算最终的误差向量
            // 步骤 3：计算所有中间层的误差向量
            // 步骤 4：反向应用更新的权重
        }
    }
}
```

第一步是图 11.5 展示的经典前馈计算。神经网络接收给定数据行的特征并返回一个输出向量，或者在更简单的情况下，只返回一个标量值。

反向传播的核心是在步骤 2 和 3。首先为网络的最后一层计算误差向量，然后反方向进行，为所有中间层计算。这样做的原因在于，一旦计算到了最后阶段，得到误差就很容易了。然而，我们需要沿着所有层级更新权重，而我们只能通过从最后一层向后一直到输入层，这样才能做到这一点。

一旦知道所有阶段的所有误差，算法就会执行梯度下降计算，找到使成本函数最小的权重。甚至这一步也是从最后一层神经元到第一层以递归方式完成的，如图 11.6 所示。

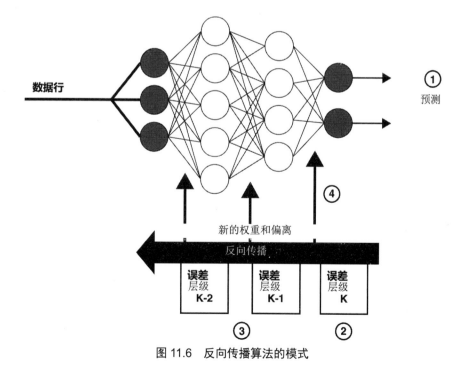

图 11.6　反向传播算法的模式

11.2　更复杂的神经网络

前馈神经网络存在一些局限性，其中最根本的问题在于它基本上是无状态的。换言之，无论发生什么都不会留下记忆。每个预测都独立于任何之前和之后的预测。此外，前馈神经网络不能处理图像或音频文件，也根本就不是为了生成新内容而设计的。

为了克服这些限制，人们开发出了其他类型的神经网络，其中包括循环神经网络（用于有状态网络）、卷积神经网络（用于计算机视觉）和生成对抗神经网络（用于内容创建）。

11.2.1　有状态神经网络

除非架构得当，否则神经网络并不持有状态，其工作方式很像是 HTTP 服务器。两个连续的请求被视为 HTTP 上完全独立的请求，两个连续的预测被训练过的网络视为完全独立的预测。无论训练还是生产，都缺乏状态。

对状态的需求

接下来考虑下面的例子。为了可靠地预测某只股票的价格，训练时只看该股票的历史记录可能是不够的。你可能还想获取该股票的最新报价。但是，除非频繁重新训练和重新部署模型，否则这些数据不一定会被纳入训练好的模型中。

相反，作为人类，我们会不断地进行预测。听人说话时，我们有时能正确猜测对方接下来要说什么。当我们做决定时，并不是简单地从现有的输入数据中评估利弊，而是将这些数据与经验和过去对类似或相关事实的记忆相结合。我们希望神经网络也能做到这一点。

有状态的神经网络称为"循环神经网络"（Recurrent Neural Network，RNN）。信息从输入层向前流动至输出层，但每一次预测所基于的输入都结合了直接输入和之前的预测可能已经确定的状态。这样，每一次预测都会在新的记忆层留下痕迹。

记忆上下文

记忆上下文（memory context）是架构的逻辑组件之一，并不一定是一个独立的软件组件。事实上，在 RNN 的一些实现中，它被视为前馈神经网络的一个额外的隐藏层，就放在输入层之后。

预测进行到时间时，该组件从客户端应用程序接收一个包含值的向量。输入与上次预测的所确定的状态相结合，生成对当前状态的更新。该组件的输出是原始输入的修改版本，以某种方式基于状态进行转换（稍后会看到这方面的细节）。

该组件的输出通常被用作常规前馈神经网络的输入。

循环神经网络的结构

图 11.7 展示了一个 RNN 的基本组件架构。在其最简单的形式中，RNN 是记忆上下文（MEM）与经典前馈神经网络（FFNN）的一种串联。

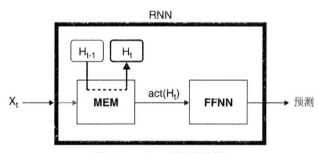

图 11.7　RNN 的组件架构

最基本的循环神经网络是一个前馈神经网络加上一个处理网络状态的额外组件。图中展示的模式可以根据需要做得很复杂，而且可以串联多个记忆上下文。此外，同一个 FFNN 可以分解成更小的部分，而且记忆上下文可以加在中间。状态是记忆上下文的一个属性，有时称为"隐藏状态向量"（hidden state vector）。

给定输入，记忆上下文将其与预先存在的状态相结合，得到新状态的快照。吸收了输入的新状态被传递给激活函数，成为下一个网络架构组件的输入。将 RNN 放到一个时间线上之后，观察它的行为是非常有趣的。记忆上下文的累积性确保每个新预测都是在考虑到之前所有预测的情况下做出的。

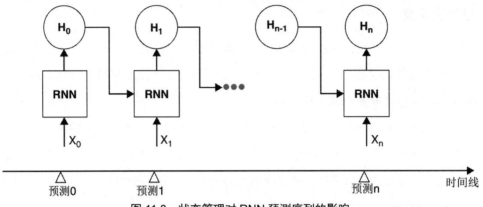

图 11.8　状态管理对 RNN 预测序列的影响

从 RNN 到深度 RNN

图 11.7 展示的是循环神经网络最简单的形式。该模式可采取各种方式进行扩展，使其最适合你的需要。例如，可以在输入和记忆上下文之间添加一个或多个隐藏层，也可以用不同的方式配置多个记忆上下文，如图 11.9 所示。作为现实生活中的一个场景，语音识别就需要一个更复杂的 RNN 架构。事实上，在这种情况下，网络甚至可以考虑根据到目前为止说的话来预测接着要说的话（字或词）。

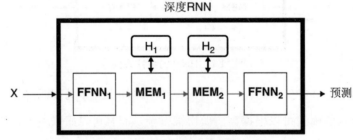

图 11.9　"深度" RNN 可能的模式

从算法的角度看，训练 RNN 与训练经典的前馈神经网络基本相同，而且反向传播仍然是关键的方法。特别是，如图 11.8 所示，随时间而展开后，RNN 可以被同化为一个前馈神经网络链，在处理数据集的过程中发展其内部状态（可能发展出多个隐藏状态）。这种反向传播算法的变体称为"随时间反向传播"（Backpropagation Through Time，BPTT）。

长短期记忆

之前讨论的 RNN 架构在某些业务环境中会呈现出一个难以克服的缺点：因为输入的间隔时间足够长，所以可能不会像预期的那样相互影响。换言之，由记忆上下文组件持有的隐藏状态的寿命太短了。这导致了一个新的研究分支，最终形成了长短期记忆（Long Short-Term Memory，LSTM）神经网络的定义。

LSTM 神经网络与普通 RNN 的区别在于，它有一个更复杂的记忆上下文版本。为了延长隐藏状态的寿命，神经网络架构增加了称为"细胞状态"（cell state）的第二层记忆。

11.2.2　卷积神经网络

FFNN 主要用于解决非线性回归和分类问题，而 RNN 通常用于语音识别和自然语言处理。那么图像呢？有一种量身定制的神经网络可以处理图像和基于像素的内容：卷积神经网络（Convolutional Neural Network，CNN）。

与循环神经网络（RNN）非常相似，CNN 也是由一个普通的 FFNN 与多个专用组件组合而成的。CNN 包含一个特殊的层，旨在将大型图像缩减成一种更容易管理的形式，同时不丢失相关的信息，这些信息可能是做出一个好的预测的关键。

卷积运算

图像的主要问题是数据量太大。例如，一张由高端智能手机拍摄的 4K 照片有 1600 万个像素，而每个像素的 RGB 通道至少需要 3 个字节，这又是 1600 万个点。应该有一种方法来缩减如此巨大的数据量。在这里，可以利用卷积运算（convolution operation）这种数学手段的帮助。

数学中的卷积是指获取两个函数并生成第三个函数，从总体上描述一个函数的形状如何被另一个函数所改变。卷积在现实生活中有多种应用。可以用它找出两个信号之间的相关性，进行模式匹配，或者在我们的情况中对传入的数据应用过滤器。这里所说的"过滤器"是一种从传入数据中去除一些不需要的信息的过程。对于连续函数，卷积被计算为两个函数中的一个旋转 180 度（即翻转 b）之后乘积的积分。如果所涉及的函数不是连续的，而是离散的，就简单地对它们的乘积进行求和。这正是在处理图像时发生的情况。

图像的卷积

假定已经有代表一幅图像的矩阵。我们将另一个（任意一个更小的）矩阵称为卷积核（kernel）。对于图像，卷积运算是指从位置 0,0 开始，在原始图像的整个表面上移动卷积核矩阵。卷积核会先沿宽度方向每次移动一个单元，一旦到达右侧边缘就向下移动一个单元。卷积核的移动对每个颜色通道（即 RGB）都进行重复。图 11.10 演示了整个过程。

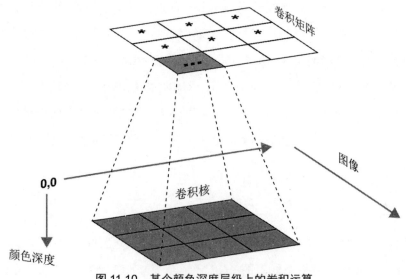

图 11.10　某个颜色深度层级上的卷积运算

在每一步，卷积核矩阵都逐个元素地与原始图像的相应部分相乘，这称为 Hadamard 积。注意，卷积核的颜色深度必须与原始图像的颜色深度相同。由此产生的中间矩阵具有与卷积核矩阵相同的大小。然后，所有生成的矩阵元素被相加，其值被写入一个新矩阵：卷积矩阵（convolved matrix）。

----

② 译注："翻转"是指在数轴上把函数从右边褶到左边去，这正是卷积的"卷"的由来。

卷积矩阵的大小取决于图像和卷积核的大小，其公式为

$$(W_{Image} - W_{Kernel} + 1) \ * \ (H_{Image} - H_{Kernel} + 1)$$

卷积核的维度是 CNN 的一个超参数，它的值是在训练中计算出来的。

最大和平均池化

卷积层只是 CNN 执行的第一个步骤。第二步是池化（pooling）。池化的目的是进一步缩减卷积矩阵的大小，以摆脱所有的噪声，只保留相关和显著的特征。

池化要求在卷积矩阵的表面移动另一个较小的矩阵（称为移动矩阵）。在这种情况下，我们不再称它为"卷积核矩阵"，因为重要的是大小而不是内容。该移动矩阵是一种窗口，它通过应用两个简单的数学过滤器之一，从而揭示了在这个窗口下方的内容。

一个称为"最大池化"（Max Pooling），它返回在卷积矩阵的这个窗口区域观察到的最大值。另一个称为"平均池化"（Average Pooling），它返回观察到的数值的算术平均值。图 11.11 展示了如何使用的窗口从的卷积矩阵中提取一个池化矩阵。

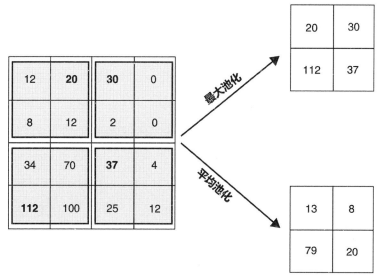

图 11.11　对比最大池化和平均池化

虽然卷积层和池化层在概念上是不同的，但它们经常被合并为一个综合层。在单独一个 CNN 中，可能存在多个卷积层和池化层。层数越多，网络就越强大，需要的算力当然也越大。

11.2.3　自动编码器

自动编码器（auto-encoder）是由两个相连的神经网络组成的系统，其中第一个网络的输出成为第二个网络的输入。可以把它看成是两个相互作用的网络：一个是编码器，另一个是解码器。图 11.12 描述了一个自动编码器网络。

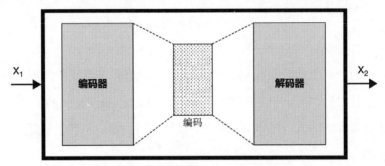

图 11.12　自动编码器神经网络的模式

自动编码模式的模式

自动编码器接收一个输入，把它传递给第一层（编码器）。编码器对输入进行编码，形成一种更紧凑的表示，称为"编码"（encoding）。一般情况下，输入的是 n 维数据，编码则是一维数据。然后，编码被传递给第二层（解码器），它尝试将原始输入重新创建为。

注意，图 11.12 展示了网络在训练时的模式。一旦网络被训练并部署到生产中，它就会得到一个输入并输出它的紧凑形式（编码）。因此，自动编码器的意义在于降低特征维度。

自动编码器的应用

自动编码器的主要商业应用是降维，这是一种典型的无监督问题。我们的目标是将较大的数据浓缩为较少的特征，同时尽量不损失重要信息。它的其他应用还有异常检测、信息检索和图像处理。

训练用于异常检测的自动编码器只要求提供规范的数据点，以确保在标准元素上获得最佳表现，而在未见过的和异常的数据上获得不佳的表现。因此，用于异常检测的自动编码器根据原始输入值和从编码中重建的值之间的距离返回一个布尔答案。

信息检索——尤其是在涉及大型对象（如图像）时——可以通过检查编码而不是检查整个图像来得以简化。这进而导致了自动编码器的第三种应用：图像处理，特别是图像压缩。其他应用场景还包括图像去噪和提高分辨率。归根结底，图像压缩就是一种形式的降维。关于用自动编码器和 JPEG 进行图像压缩的对比，人们已经进行了许多有趣的实验

11.3 小结

神经网络并非计算机科学的新事物，只是在过去十几年的时间里，由于商业和计算方面的原因，它们才得以迅猛发展。出现了许多新型神经网络，它们显著扩展了前馈神经网络的能力。在早期的前馈神经网络中，信息只能单向流动，即从输入节点流向输出节点，穿越任何一层可能定义的中间节点。

本章首先回顾前馈神经网络的结构、可以拥有的神经元类型以及神经网络的训练是如何通过反向传播技术进行的。接着，概述更复杂的神经网络类型，比如循环和卷积神经网络。

下一章将补充一些使用神经网络解决实际问题的注意事项和例子。

第 12 章

用于识别护照的神经网络

数学，要么对，要么错。

——凯瑟琳·约翰逊[1]

对人工智能的大部分炒作聚焦于一些常见的操作变得更简单、更快速。这其实是说可以自动化处理一些杂务，同时减少完成任务所需的人工操作步骤。人工智能的优点之一就是简化工作流程并提高效率，以更少的付出获得相同的结果，同时避免人类操作人员的错误。

在本书最后一章中，我们想描述其中一个场景：由某个较智能的系统自动填写表单字段。具体地说，是一个需要用户上传护照照片的登记表。通常，后端服务要求你拍一张普通的护照照片。然后，它从这张照片中提取一些文本信息，并作为独立的信息存储，其中包括姓名、出生日期、居住国、签发日期、有效期和护照号码。

如果是不那么智能的系统，除了要求用户上传护照照片，还会显示额外的输入字段要求用户输入姓名，甚至要求输入护照号码和签发日期。那么，为什么不简单地上传照片，让系统自动完成剩下的工作呢？这不就是入住酒店和机场登机时的情况吗？在这些情况下，可能是由专门的光学字符识别（OCR）扫描仪来完成识别信息的工作，并通过网络将其传递给连接的 PC 软件。

但是，机器学习扩展了 OCR 的核心能力，使我们没必要使用专用的扫描仪。

12.1 使用 Azure 认知服务

主要有两种方法可以构建一个纯软件解决方案，以便从护照中提取个人信息，并利用这些信息创建一条预填写的用户个人资料记录。一种方法是利用 Azure 认

---

[1] 译注：Katherine Johnson（1918—2020），美国物理学家、数学家和航空航天科学家。

知服务 （Azure Cognitive Services）API，通过 URL 或流来上传图像，并接收一个 JSON 对象，后者包含了在所有检测到的文本区域中识别的内容。另一种方法是手工打造一个神经网络来做同样的事情。这不过是古老的"买还是建"困境的又一次重复罢了。

先来看看走 Azure 认知服务路线需要什么。

12.1.1 问题的剖析和解决方案

给定一张护照照片，我们想找出其中存储的关键个人信息。具体地说，我们希望能够以结构化、基于属性的一种方式接收护照机读区（Machine-Readable Zone，MRZ）的全部内容。理想情况下，我们希望进行一次调用，传递输入，然后获得预期格式的响应。

> 注意　在护照（和其他各种文件）中，机读区由两行（某些时候是三行）重要的个人信息组成，这些信息被编码成一种标准化的格式，以便快速读取和自动化机器验证。护照的机读区在第一页底部。机读区（MRZ）于 20 世纪 80 年代引入，目的是加快出入境和机场的操作。

图像输入

从计算机的角度来看，图像并不简单地就是一张照片。计算机图像有宽度和高度，有颜色密度，而且很重要的是，它可能是垂直或水平的，并可能以任何角度旋转。另外，这张照片拍的可能是纸质护照的一页或两页。

如果打算开发自己的护照分析黑盒软件，那么必须找到一种方法来规范化输入图像的各种尺寸和方向。这基本上传统的软件工作，是对图像数据的某种形态学处理。这个过程的输出是一个在尺寸、方向和颜色方面都有固定设置的图像。

处理任何尺寸和方向的输入图像，这个能力对于解决方案的成功至关重要。

在现实世界中，用户会上传以各种方式拍摄的护照照片，而软件必须能以某种方式将内容规范化。

文本检测

任何护照都由两种不同类型的内容组成：纯文本和机读区。这里的"纯文本"是指出现在护照页上的任何个人信息，包括居住地、眼睛颜色和身高等细节。除了纯文本字段，护照还有机读区，它存储了持有人身份信息的一个子集。

护照分析软件必须能发现图像中包含文本的所有区域。其输出结果是图像中估计包含文本的一些边界框（bounding box）的列表。

文本识别

最后，每个检测到的边界框中的文本必须转化为计算机能处理的文本字符串。这正是光学字符识别（OCR）所要执行的工作。识别过程将印刷文本转换成可供其他软件进一步处理的字符串。

OCR系统一个优点在于，如果把它嵌入更全面的服务（例如Azure认知服务），那么它还可以对原始文本进行一些有用的诠释。OCR将字迹转化为字词，但一些字词序列（例如，日期）比较特殊。在已知类型的文档上工作的智能认知服务可以将061074这样的文本转换为一个DateTime对象或对人友好的日期形式。

12.1.2　与ID表单识别器协同工作

Azure表单识别器（Azure Form Recognizer）云服务分析来自政府签发的各种ID文件（身份证明文件）的信息，其中包括护照。该服务使用预先建立的ID模型作为每种支持的文件类型的学习基础，目的是发现其中的边界文本框。该服务将OCR能力与来自数十个国家和美国各州的ID知识相结合。此外，该API从ID中提取关键信息，如姓和名、号码、出生日期和有效期，并以JSON格式返回这些数据。机读区（MRZ）作为JSON响应中的字段发送。

让我们看看与Azure服务协同工作需要什么。

初步工作

　　第一步是在门户网站上注册自己的专用机器学习 Azure 服务，它在概念上和
创建一个用于托管 Web 应用的应用服务没有什么不同，如图 12.1 所示。

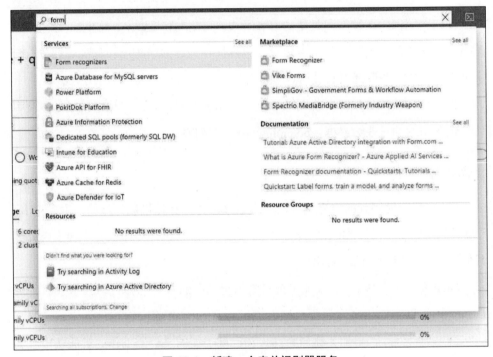

图 12.1　新建一个表单识别器服务

　　按照提示一步一步完成操作后，会得到用于后续调用的实际端点以及个人
API 密钥。

　　为了构建一个使用该服务的客户端应用程序，还需要在 Visual Studio 解决方
案中安装 Azure.AI.FormRecognizer NuGet 包。

　　剩下的就是普通的编码了。

示例客户端应用程序

　　以下代码在 Visual Studio 中创建一个表单识别器服务。

```
class Program
{
    // 所有 "xxxx" 都是你的账号特有的
    const string Endpoint = "https://xxxxxxxx.cognitiveservices.azure.com/";
    const string ApiKey = "xxxxxxxxxxxxxxxxxxxxxxxxx";

    static async Task Main(string[] args)
    {
        if (args == null)
        {
            Console.WriteLine("No file specified"); return;
        }

        var passportFile = args[0];

        Console.WriteLine("Uploading and parsing...");
        var response = await ParsePassportFile(passportFile); Console.WriteLine
("\n");

        // 将机读区解析成某种智能数据结构
        var mrz = new PassportResponse(response.Data.Replace(" ," ""));
        Console.WriteLine(mrz);
        Console.WriteLine($"CONFIDENCE: {response.Confidence}");

        Console.WriteLine("\n\nPress any key!");
        Console.ReadLine();
    }

    // 这里写更多的代码 ...
}
```

上述代码从命令行接收文件名，将其传递给名为 ParsePassportFile 的内部辅助方法。该辅助方法返回一个元组，其中第一个元素（Data）包含原始 MRZ（机读区）序列，而后一个元素（Confidence）表示神经网络对于结果的置信度。最后，原始序列被解析为自定义 PassportResponse 类的一个实例，它删除了填充字符和校验码，只提供实际的数据，并用一个规范的结构进行包装。

护照文件可以是 PDF 或图像文件，会被上传到云服务中进行分析。下面是该方法具体的代码。

```
static async Task<(string Data, float Confidence)> ParsePassportFile(string file)
{
```

```
// 上传护照文件
    await using var stream = new FileStream(file, FileMode.Open);
    var client = new FormRecognizerClient(new Uri(Endpoint),
                        new AzureKeyCredential(ApiKey));
    var operation = await client.StartRecognizeIdentityDocumentsAsync(stream);

    // 获取作为响应的一个文档
    var response = await operation.WaitForCompletionAsync();
    RecognizedFormCollection documents = response.Value;
    if (identityDocuments.Count == 0)
        return (null, 0);
    RecognizedForm document = documents.Single();

    // 提取机读区信息
    if (!document.Fields.TryGetValue("MachineReadableZone," out FormField mrz))
        return (null, 0);

    if (mrz.Value.ValueType == FieldValueType.Dictionary)
        return (mrz.ValueData.Text, mrz.Confidence);

    return (null, 0);
}
```

服务返回一个文件列表，其中第一个是我们感兴趣的。该文件提供了一个字段列表，我们从中选择 MachineReadableZone。ParsePassportFile 方法返回 MRZ 字段的原始文本。要想获得 ID 文档字段的一个完整列表，请访问 https://t.hk.uy/bfjV。

获得原始 MRZ 序列后，剩下的步骤包括解析该序列并提取其中存储的实际信息，例如姓名、性别、有效期和证件号码。可用辅助类 PassportResponse 和内部类 MrzParser 来完成这项工作。这些类的完整源代码请参考本书配套资源，代码的核心部分如下。

```
// 解析步骤
var mrz = new PassportResponse(response.Data.Replace(" ," ""));

// 呈现事实
Console.WriteLine(mrz);
Console.WriteLine($"CONFIDENCE: {response.Confidence}");
```

注意，必须从原始 MRZ 序列中删除空格。护照中的机读区分为两行，但表单识别器将其作为单一的字符串返回，用一个空格序列表示换行。相反，我们手工打造的 MRZ 分析器假设传递的是一个标准的 MRZ 序列，它的长度正好是 88 个字符。然而，由于存在额外的空格，所以表单识别器返回的序列长度为 89。图 12.2 是在一本样本护照上跑这个示例应用程序时得到的结果。

图 12.2　封装了 Azure ID 表单识别器云服务的示例应用程序

> **注意**　表单识别器服务有一个免费套餐，允许每月最多 500 页，每分钟最多调用 20 次。或许不需要拿标准的护照进行训练，但如果要训练的话，免费套餐每分钟最多只允许调用 1 次。还要注意，表单识别器已添加了容器支持，允许在自己的环境中直接运行这个 AI 引擎。

12.2　自己动手打造神经网络

老实说，如果要解决的业务问题是从 PDF 或图像文件中提取干净的护照数据，那么 ID 表单识别器就够用了，无论是把它作为云服务，还是通过授权的 Docker 容器嵌入自己的环境。但是，是否还有其他一些情况促使你考虑自己动手打造神经网络呢？

我们将在章末的"机器学习深入思考"一节重新拾起"买还是建"的话题。目前，只需知道一点，即基于以下三个方面的原因，可能会需要定制的解决方案。

- 由于某些原因，不能使用任何现有的云服务，也不能在企业内部使用第三方容器
- 无法负担服务的成本和可能带来的延迟
- 有一些特别的文件需要处理，但发现得到的响应不准确。

一般来说，我们说的都是一些非常具体和罕见的情况，这些情况更有可能发生在定制的表格和收据上，而不是针对政府签发的身份证明文件。无论如何，如果想打造一个专用神经网络从护照中提取 MRZ 序列，下面提出一些注意事项和实用经验。

12.2.1 神经网络的拓扑

神经网络是一种软件系统，它获取一些良好定义的数值输入，并返回一些良好定义的数值输出。更多的时候，良好定义的数值输入并非天生就具有正确的格式，而是来自一些初步的软件处理，或者是另外某个神经网络的输出。同样，良好定义的数值输出可以成为另一个神经网络的输入，或者经过进一步的软件处理，转变成应用程序可用的数据。

神经管道

在现实世界中，神经网络几乎总是一个学习管道的核心，它的周围是许多标准的（非机器学习）软件组件。整个管道有一个良好定义的、特定于业务的输入（如图像文件）和一个业务能接受的响应，无论这个响应是字符串（序列）还是数字数组。在我们的例子中，输入是护照文件，输出是 MRZ 原始序列。

处理输入图像

注意，虽然 Azure ID 表单识别器用起来非常简单和直接，但它背后其实已经花了不少功夫。Azure 服务接受多种格式的护照文件，包括 PDF 和 JPG。但是，

在自定义管道中做同样的事情存在许多挑战。

- 为你打算支持的每种文件类型寻找或编写库，以提取文件中的像素或元信息。
- 编写方法使图像的位置规范化
- 编写方法规范化颜色和字体
- 编写方法对图像进行形态学处理，例如腐蚀 (erosion) 和膨胀 (dilation)。

读写特定格式的文件并不是最具挑战性的问题。然而，当涉及到理解并规范化图像可能存在的旋转、颜色空间缩减以及某些不好辨认的字迹时，情况就变得复杂多了。

我们经常会使用 OpenCV，这是一个基于三条款 BSD 许可证发布的开源库，对商业应用免费。有多种编程语言都可以使用这个库，详情请参见 https://opencv.org。

OpenCV 库

OpenCV 库 [②] 提供了大量服务，从读取和显示图像 / 视频，一直到各种图像处理功能，例如改变颜色空间、几何变换、寻找边缘、平滑和阈值操作（thresholding）。

这个库还擅长对二值黑白图像进行形态学转换，如腐蚀和膨胀。腐蚀会吃掉任何前景物体的边界，使其厚度减少。膨胀的作用则相反，它扩大前景物体的大小。腐蚀和膨胀有时是相继进行的。

图像处理模块支持视频分析、绘图、三维可视化、图像拼接和混合等。还有其他模块能处理面向机器学习的功能，例如物体和条形码检测、人脸分析和文本识别等。

提取机读区

就我们的目的而言，MRZ 的类型是 3（参见 https://en.wikipedia.org/wiki/Machine-readable_passport），共有两行文本，每行 44 个字符。起初，许多人认为要想检测护照照片中的机读区，一些深度（或只是浅层）学习是不可避免的。但是，现实情况有点不同，在一个出色的计算机视觉框架（例如 OpenCV）的帮

---

② 译注：更多详细信息可参考《学习 OpenCV 3》。

助下，只需使用图像处理技术，包括形态学腐蚀、模糊和轮廓检测，就足以完成这项任务了。

让我们总结一下在文件中发现 MRZ 区域位置的必要的图像处理步骤。

1. 将图像更改为固定尺寸。

2. 应用 3x3 像素的高斯模糊，以减少高频噪声。

3. 应用黑帽滤镜，在浅色背景（护照纸）上寻找暗区（MRZ 文本）。

黑帽滤镜是大多数图像处理程序提供的一种常见的边缘检测滤镜。高斯模糊和黑帽对一些原始图像的综合影响类似于图 12.3。

图 12.3　应用于样本护照图像的形态学黑帽运算

接着，我们沿着黑帽图像的 X 轴计算 Scharr 梯度，目的是摆脱所有不代表文字的区域。

1. 应用梯度来标记在浅色背景上非纯粹的深色区域，它们包含垂直梯度的变化。

2. 使用最小 / 最大缩放将图像缩减回 0-255（黑 / 白）范围。

3. 使用矩形卷积核应用闭操作（先膨胀后腐蚀）。闭（Closing）操作的最终目的是关闭机读区内字符之间的空隙。图 12.4 展示了对原始图像处理后的一个例子。

图 12.4　进行闭操作后的护照图像的中间渲染图

在这个阶段，图像中的所有区域都有一些文字。相反，我们只希望保留整个 MRZ 所在的区域，摆脱其他所有区域。

4. 应用另一个具有正方形卷积核的闭操作。图 12.5 展示了原始护照图像的最新处理结果。

图 12.5　机读区现在是图像中的单个区域，其他所有文字都变暗了，因为它们不再相关

该过程的最后一步是找到该区域的轮廓，定义边界框的坐标，并从原始图像中提取实际像素。

注意　有一个关键点一直没讲，如果原始图像被旋转了某个角度怎么办？我们采用的方案在很大程度上避免了这种（相当常见的）情况。事实上，我们所做的是找到拟合机读区最小面积的那个矩形，并将其裁剪。只是，裁剪后的图像现在是完全水平的。

识别机读区内容

到目前为止,所有的工作都跟纯粹的机器学习没有关系。然而,为了弄清原始图像中选定区域的文字,就需要用到人工学习了。换言之,我们现在有较小的一幅只包含护照机读区的图像,需要对它进行文字识别。

OpenCV 库确实有一个文本识别模块,它能解析图像并将识别到的字形转化为字符串。然而,这是一个相当常规的 OCR 库,不完全适合从护照上提取个人数据这样的精细任务。不仅仅是 OpenCV,大多数综合而通用的 OCR 库都存在同样的缺点。

为了可靠地解析出文本,我们需要一些专门的、为护照机读区而量身定制的 OCR 库。为此,应考虑建立自己的神经网络。除了读取 MRZ 内容,定制的神经网络对于读取包括 CAPTCHA 在内的这些验证码区域也很有用。一般来说,如果需要对自己解析的内容有很大的把握,而且解析的是小块文本,那么自定义神经网络就是一个合理的方案。

为了建立一个神经网络,TensorFlow 就是一个很不错的选择,特别是如果使用 Keras 的最顶层进行编码。图 12.6 展示了基于 Keras 的神经网络的层级列表。中间一列的每个块代表了指定类型的 Keras 层(如 Conv 2D 和 Dense 等)。

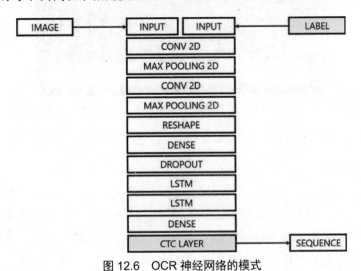

图 12.6　OCR 神经网络的模式

该神经网络的架构相当清晰:由几个不同的层组成,它们参与输入图像的处理,最终生成一个字符序列。图像被渲染成单一黑白颜色通道(无 RGB)中的值的数组。还需要第二种输入用于训练目的，这就是预期的 MRZ 序列（标签）。正常情况下没有必要如此，但在本例中，我们必须使用一个自定义的损失函数（见下文），标签的作用是优化损失函数的性能。标签和损失函数层都将在生产环境中删除。

在输入层之后，紧接着是两个 2D 卷积层，每一层都在其输入数据上运行一个卷积核。两层都使用一个 3×3 卷积核矩阵和一个 ReLU 激活函数。ReLU 函数是一种分段恒定线性函数，如果是正数，将输出相同的输入；如果是负数，将输出零。第一个 Conv2D 层的输出维度为 64，第二个则生成 32 个值。每个 Conv2D 之后都是一个 MaxPooling2D 层，它通过在一个 2×2 的输入窗口上取最大值，沿着高度和宽度方向对输入进行降采样。两个 MaxPooling2D 层的配置方式一样。

此时，图像已经缩小了四倍，所以 Reshape（重塑）层和 Dense（密集）层在进入神经网络的递归（LSTM）部分之前会相应地缩小输入尺寸。Dropout 只在训练期间使用，以免过拟合。递归 LSTM 层提供了网络的关键部分。第一个层有 128 个输出值，成为第二个 LSTM 的输入，后者输出 64 个值。这两层都使用默认的双曲正切激活函数，并返回完整的状态序列。最后一层的 softmax 激活函数生成输出。softmax 激活函数将 N 个值的一个向量变成另一个 N 个值的向量，其总和为 1。

如前所述，出于训练目的，我们需要添加一个自定义误差层，即 CTC 层。当序列之间需要良好的对齐时，CTC（Connectionist Temporal Classification）损失函数将是一个理想的选择，也是保证高质量响应的关键。典型的例子是将每个字符与它在图像文件中的位置对齐。Keras 中没有预定义的 CTC 层，因而必须作为一个 Python 类手动编写，详见本书配套的源代码。

12.2.2　训练时的麻烦

虽然为特定的文本识别任务设计一个能正常发挥作用的神经网络并不是一项不可能完成的任务，但为护照图像训练这样的网络时，会出现一些额外的而且麻烦的问题。从哪里获得训练护照神经网络的数据？没有这样的数据集，而且出于安全和隐私的原因，实际上也不应该有这样的数据集！

使用 MRZ 生成器

MRZ 序列不是简单的名、姓、出生日期、证件号码等的组合。它还包含填充字符；更重要的是，在特定位置还有几个校验数字。我们分两个步骤准备一个 MRZ 生成器。

首先创建一个能随机生成有效 MRZ 序列的 C# 类，然后使用一些公开的工具（或自己写）将这些字符串转换为 JPG 或 PNG 图像。这样就能创建一个所需大小的数据集，而且出于重新训练的目的还可以使其更大一些。Python 解决方案的一个工具是 TextRecognitionDataGenerator，请访问 https://github.com/Belval/TextRecognitionDataGenerator，下载即可。

使用 TensorFlow 生成器

另一个需要考虑的方面是如何将数十万张图片送入 Keras 所依赖的 TensorFlow 训练管道。除非你有无限的内存和计算能力，否则使用基于游标的方法，并只按需提供数据集中的元素会好得多。

在 TensorFlow 中，通过一个生成器传递数据集，生成器根据需要生成任何完成的数据项。这极大减少了训练网络所需的内存量。但是，TensorFlow 的数据生成器只是一个外壳（概念上类似于 ML.NET 的 DataView 对象），它必须连接到某个真正的生成器，以完成实际的工作。

在这里有两个选择。一个是将所有 MRZ 图像样本堆积到一个文件夹中，并使用一个内置的、基于文件夹的生成器。另一个选择是将 MRZ 字符串列表作为数据集传递，并将其连接到一个能将文本转换为图像的自定义生成器。

12.3 机器学习深入思考

本章介绍了解决同一个问题的两种方法：使用专门的云服务或者打造一个专门的神经网络。在这个过程中，我们回顾了古老的软件开发困境，即 "买还是建"（buy-or-build）。对于机器学习来说，它接近于另一种称为 "商品还是垂直"（commodity-or-vertical）的困境。

12.3.1　商品和垂直解决方案

实用 AI 解决方案正在变得越来越标准化和通用，足以通过超参数适应多种场景。沉浸于特定业务背景下的越来越多的垂直问题的碎片被带出它们的原生环境并被商品化。在这种情况下，就没有真正的理由去创建定制解决方案了。

让我们告诉你一个关于软件商品化的故事。

当我们真正着手写这一章的前一年，护照检测还没有像今天这样高效和商品化。当时，唯一的选择是使用某种通用的 OCR，它返回边界框和其中识别的文本。这已经很好了，但对于解析护照这样的重要任务来说，它还没有达到应有的效果。

然而，今天的情况发生了相当大的变化，ID 表单识别器的工作做得更好。一年前，专门为此打造一个神经网络似乎是合理的。今天，这就显得有些矫枉过正了。

在我们看来,用云服务将现实问题的各个方面商品化的趋势会一直延续下去。有鉴于此，大多数实用 AI 解决方案最终将只是围绕一个或多个云服务的某种协调软件。

这是否意味着一切都注定要被商品化？

在几乎所有细分领域，肯定都有一些问题是能够被商品化的。例如，想想预测性维护、价格预测、异常情况或欺诈检测。可以在 Kaggle 上找到大多数问题的挑战，但现实情况有很大的不同。你需要为每种场景提供一个专门的解决方案。方案重用得越多，准确率下降的风险就越大。例如，在风机的预测性维护中，最理想的是为风场的每台风机建立一个模型，其数据集每五秒左右记录一次时间序列。

商业解决方案确实存在,但更多的时候,对客户 X 有用的东西对客户 Y 没用。所以，如果是一家预算充足的公司，可以认真做一下计划，根据背景、商业模式和具体设置，针对自己的情况打造理想的解决方案。

12.3.2　什么时候只能使用定制解决方案

简单地说，如果以其他方式无法解决问题，或者某个问题的解决方案尚未以某种方式商品化，那么定制神经网络还是必要的。如果现有的服务能提供直接或部分解决方案，那么你可以用一些周边的标准代码将其调整成适合自己的方案。但在任何其他情况下，定制解决方案都是一个需要认真考虑的选项。

本书以前用一些简单的 ML.NET 代码解决了异常检测问题。重点在于，并不是所有属于"异常检测"范畴的问题都能够用浅层学习算法来有效地解决。也不是所有你能设想的所有"异常检测"业务实例都能用一个直接的、简单的算法甚至单个多层神经网络来有效地解决。

归根结底，AI 只是使用比编程语言、类库和软件框架的基元更强大的工具来编写的一种软件。

12.4　小结

本章演示了如何用两种不同的方法来解决许多 Web 表单常见的一个问题：从图像文件中找出护照中的重要信息。很多时候，我们仍然需要通过网页上传护照照片，然后手动输入同样的信息（姓名、日期和证件号码），这些信息其实可以通过软件从图像本身识别出来。

我们首先使用一个新的 Azure 服务——ID 表单识别器云服务——来上传文件并接收身份证明文件机读区的字符序列。该操作包括两个步骤：从原始图像中提取机读区，再通过 OCR 将像素变成字符串。

接着，我们尝试用一个定制的神经网络来做同样的事情。除了创建一个全新的神经网络所需的付出（和技能）之外，训练是关键性的区别因素。如果只是调用一个服务，就不需要任何培训。然而，如果想要自己做，就需要一个高质量的数据集和足够的计算时间。

AI 世界主要存在两个系列的解决方案：商品和垂直。如果已经有一个足够好的商品，就尽可能使用它。但要注意，现有的平台和云服务可能是通用型的，你需要针对自己的业务流程进行调整。如果无法以任何综合和商品化的方式解决问题，就需要考虑定制神经网络了。

归根结底，AI 只是一种软件。

模型的可解释性

任何试图通过确定性手段生成随机数的人，当然都是一种犯罪。

——约翰·冯·诺伊曼 [①]

我们可以这样下个结论：今天的机器学习其实并不像媒体（甚至是常识）引导我们认为的那样智能。更糟的是，纯粹从应用智能的角度来看，甚至专家系统——深度学习和神经网络的一种原始的软件智能形式——都显得更智能。那么，什么是智能，什么是软件智能？

尽管措辞略有区别，但世界上几乎所有字典都像这样定义"智能"：

获得知识并将其转化为专业知识的能力。

但是，这个定义的背后还有另一层含义值得注意。我们将其归纳为三点：

- 从获得的知识形成判断和意见
- 在此基础上采取行动
- 对未知事件做出反应

简单地说，人的智能结合了认知能力，其中包括感知、记忆、语言和推理，并使用无与伦比的学习模式来提炼、转换和储存信息。

软件智能

在软件中，智能的大概意思是感知周围环境，并对检测到的变化做出反应。专家系统通过从有限的、硬编码（虽然数量很大）的案例和场景中推断出适当的

[①] 译注：John Von Neumann（1903—1957），美籍犹太裔数学家，生于匈牙利，理论计算机科学与博弈论的奠基者，在泛函分析、遍历理论、几何学、拓扑学和数值分析等领域及计算机科学、量子力学和经济学中都有重大的贡献。

行为来做到这一点。相反，基于机器学习的软件——媒体喜欢称之为人工智能——是能够从其处理的内容中学习的软件。换言之，从中推导出答案的案例和场景的数量不是由人类开发人员团队硬编码的，而是通过训练以编程方式确定的。而训练又由你提供的数据驱动。不言而喻，如果数据本身存在偏见（不管自觉还是不自觉），答案也肯定存在偏见（不管自觉还是不自觉）。

经过训练的模型在进入生产阶段后，就完全是一个黑盒，就连开发人员都不知道它们在面对某个输入时会返回什么。我们唯一知道的是，与提供的预期结果相比，训练期间的模型会呈现出一个可接受的错误程度。没有人确切地知道为什么神经网络会做出它们实际做出的决定。

再一想，这些算法可能要与关键的业务系统互动（或成为其组成部分），例如安全监控、保险/金融决策系统和医疗诊断等，是不是觉得很可怕？

之所以要强调 AI 伦理，是因为缺乏一个被普遍接受的可解释性模型，而这个模型可以帮助理解和接受深度学习模型的输出。

人工智能的超级理论

从 20 世纪 60 年代开始，作为机器学习最复杂的一种形式，神经网络已经有大约几十年的历史。有趣的是，制造智能机器的意愿甚至早在为普通任务建立全面的软件应用程序之前就出现了。我们甚至可以这样认为，软件工程本身就是追求智能机器的副产品之一！

但多年以来，人们对 AI 的关注主要是在学术和理论上。这第一阶段研究的最突出成果肯定是神经网络的反向传播训练方法。在 2000 年代之前，人工智能主要经历了两个寒冬（即资金和研究双双严重削减）。在此之后，更多的算力、更好的学习算法以及丰富的数据从根本上改变局面，并产生了重大的进展。2012 年左右，深度学习开始成为获得准确甚至是超级结果的主导方法。因此，采用深度学习的领域数量激增——从医疗到金融，从能源到一般工业，再到零售业。

然而，关键的一点在于，这种预测准确性的提高带来的副作用是基础模型的复杂性大大增加。能力的提高主要来自两个方面：更复杂的网络拓扑结构以及在训练中提供的巨大的数据量。换言之，预测能力的提升更多来自蛮力，而不是学习技术的有效改进。最根本的问题在于，我们对神经网络的内部运作知之甚少，我们虽然得到了结果，但并不完全了解这些结果是怎么产生的。而且，我们实际上也不知道如何解释它们。应该盲目地相信或拒绝所有结果吗？以什么为代价呢？

对于这个尚未解决的问题，一个无脑的答案是 AI 中的伦理学（或 Responsible AI）。但是，伦理学也只是触及皮毛而已。

相反，一个更周全的答案是，我们目前缺乏一个全面的、定义明确的数学模型来解释深度神经网络的实际动态。这正是本节标题浮夸地称之为"人工智能的超级理论"的东西。一些著名的科学家甚至担心，如果还不能从蛮力法转向更严谨、更数学的方法，我们可能会进入 AI 的第三个冬天。正是因为缺乏这种超级理论，所以用 AI 取代人类并改变我们的生活和工作方式的教条式说法将不过是一个笑话。

机器学习黑盒

在机器学习中，模型是一个计算图。虽然结构要复杂得多，但它在概念上只是类似于一个普通的多项式。黑盒模型是算法直接从数据中创建的一种模型。黑盒的性质在于，就连那些设计神经网络的人，也不能真正解释变量是如何组合，并生成被解释为"预测"或"分类"的数字。

开发者确实定义了输入变量的列表，但黑盒模型通常是如此复杂，以至于没有人能真正理解输入变量是如何相互关联的。神经网络的内部工作状态可与混沌系统相媲美。而且，和混沌系统一样，任何地方一处小的变化（输入以及数以千计的相互连接中的一个），都可能导致全然不同的输出。

可诠释性和可解释性

在谈到对机器学习黑盒模型的理解时，人们往往会提到两个概念：可诠释性（interpretability）和可解释性（explainability）。虽然这两个术语经常换着用，但它们之间存在一些微妙的区别。值得注意的是，目前这两个术语还没有严格的数学定义或可测量的指标。然而，一些被广泛接受的定义是成立的。如果输入和输出之间的联系是明显的、可理解的以及可重现的，就可以说该模型是可诠释的（interpretable）。

在应用机器学习的低风险场景中，缺乏可诠释性并不是一个问题。例如，除非是 Booking.com 这样的大公司，不希望自己的推荐令顾客失望，否则假如一个模型推荐用户入住一个你根本不会考虑的酒店，那么并不是一个大问题。同样，除非是 Uber（想便宜自己的竞争对手），否则用户得到一个可笑的打车价格预测也许并不算什么大灾难。但与此同时，预测能源市场价格的变化是另一个不同的故事。你需要的是准确率，想知道为什么推荐的是合理价格，以及一个模型是否比另一个更好。在医疗或保险 / 金融等高风险领域，可诠释性必须很高。模型给出了一个预测，但人类认同这个预测并利用它来实际做出决定。你会相信一台机器吗？如果你相信呢？如果你不相信呢？就像一个假设（what-if）游戏，具有高度可诠释性的 AI 系统也会允许用户实验。

相反，可解释性（explainability）与机器学习系统的内部机制有关。在神经网络内部，反向传播步骤（核心学习算法）根据其误差函数更新神经元的权重。这些值的设置在很大程度上不受开发者的控制，也很难重现。然而，分配这些值是从给定输入中获得输出的关键。如下图所示，在神经网络中，除了输入和输出值之外，所有的东西都是隐藏的动态变化（而且基本上是未知的细节）。最终，缺乏可解释性意味着，没人能轻易预测改变某个隐藏连接上的一个权重会有什么效果。

隐藏层（黑盒）允许模型在给定的数据点之间进行关联，并在此基础上预测更好的结果。请注意，这里的"更好"是指最小化一个误差函数。可解释性衡量的是工程师对神经网络训练期间发生的内部数据流动的理解程度。

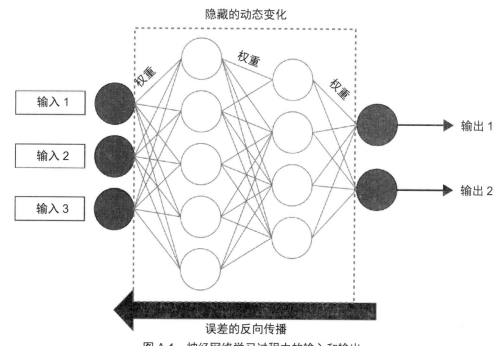

图 A.1　神经网络学习过程中的输入和输出

可诠释性和可解释性之间有什么关系？

对于一个可诠释的模型，工程师不一定详细了解其内部细节。但是，作为一个模型，它的输入和输出之间的因果关系相对容易识别。另一方面，对于一个可解释的模型，我们可以理解其输入值在输出的计算中所扮演的角色，但不一定就能据此判断存在输入和输出之间的因果关系。综上所述，机器学习的可诠释性并不能在公理上证明机器学习的可解释性，反之亦然。不过，一般认为可诠释性（interpretability）的含义比可解释性（explainability）更广。

可解释性技术

实际上，有几种不同的方法来理解模型做出的决定。其中一些已经在 ML.NET 中实现，其他的可能在未来出现。然而，总体思路是一样的，即找到方法来理解哪些特征对给定的模型来说是最突出的预测。

构建模型时，主要有两个选择。可以选择一个可诠释（interpretable）的模型，即一个可以向人类解释其决策步骤以重现结果的模型。也可以选择一个黑盒模型，并对它的可解释程度进行事后分析。可解释模型的典型例子是决策树。一般来说，浅层学习算法比神经网络更具有可诠释性。而且在某些情况下，其准确率和有效性要差得多。

下面是一些用于模型可解释性的常用方法：

- 决策树可视化
- 训练管道可视化
- 特征贡献度计算
- 特征重要性排序

决策树是一种有监督的浅层算法，它使用二叉树图为每个数据样本分配目标值。决策树学习是根据使用中的度量标准寻找分割数据样本的最佳规则的过程。对最终的树的可视化是相对自动的，有许多工具可通过图形界面或文本控制台绘制树。例如，Python scikit-learn 提供了一个 plot_tree 方法，如果在 Jupyter Notebook 中使用，能让你即时看到最终的树。

另一个对决策树和训练管道可视化有用的 Python 包是 Graphviz。可以用它来获取 ML.NET 解决方案的训练管道，通过 NimbusML 在 Python Jupyter Notebook 中呈现出来。NimbusML 是一个 Microsoft Python 框架，它使 ML.NET 模型可用于 Python 环境中可用。为了混合使用 .NET 和 Python，还可以依靠 .NET Interactive Notebooks 和 .NET DataFrame API。

特征贡献度计算（feature contribution calculation）为输入向量每个特征计算特定于模型的贡献分数，其思路是用训练好的模型处理一个数据集，并预测每个数据项。为了理解和解释预测，检查哪些特征对预测产生了重大影响是非常有意义的。在 ML.NET 中，可以在 ExplainabilityCatalog 对象中找到一个专门做这件事情的内置转换器。如果特征增大了预测的准确率，那么转换器就会返回正的分数。如果特征对预测有负面影响，则返回一个负值。一个接近于零的值表示该特征与预测的相关性不大。

特征贡献度衡量的是一个特征对预测的实际贡献，而特征重要性（feature importance）衡量的是给定的一个特征在预测目标变量时的有用程度。特征重要性排序（Permutation Feature Importance，PFI）的基础在于，只对预测有用的有价值的信息来自于某些特征，而你想知道具体是哪些特征。因此，如果随机打乱一下特征值，而预测质量下降了，就意味着你一个关键特征被你排列到了一个不重要的位置。相反，如果质量下降幅度很小，就说明原来被打乱的特征中的信息与预测并不十分相关，甚至可以果断地将其删除，从而简化模型。在 ML.NET 中，回归、分类和排名目录类都公开了一个 PermutationFeatureImportance 方法来实现这个目的。

小结

作为地球村的成员，我们感受到了两种相反的作用力。一种是人工智能驱动人类文明进步，使一切变得更容易，使每个人都更顺利。另一种是唱衰，警告我们如果赋予机器越来越多的决策权，让它们为我们做决定，控制我们的生活和工作的方方面面，会引发多大的风险。

缺乏“可解释性”确实是事实，而且目前没有任何数学理论可以定义或克服它。所以，大多数复杂的模型——比如那些用于重要场景的模型——都有可能被盲目地信任，这样的后果没有人会真正喜欢的。所以，在谈到 AI 时，伦理是一个有趣的主题。

虽然可解释性基本上可以作为训练后的解释来实现（事后诸葛亮），但 AI 中的伦理主要是刺激人们尽可能多而频繁地寻找可解释（explainable）和可诠释（interpretable）的模型。至于说到 AI 对人们的生活和工作方式的直接影响，在大多数时候，AI 其实取代的都是一些具体的“任务”，而不是只有人类才能胜任的“岗位”。